工程图学基础习题集

主编 王 钢 张生坦 张 勇
主审 石 玲

HEUP 哈尔滨工程大学出版社

内容简介

本习题集与《工程图学基础》教材配套使用,主要内容包括:制图基本知识,点、直线和平面的投影,投影变换,立体及其表面交线,组合体,轴测图,图样的基本表示法,标准件和常用件,零件图及装配图等。本习题集可供高等院校各专业使用,也可供相关专业人员参考。

图书在版编目(CIP)数据

工程图学基础习题集/王钢,张生坦,张勇主编.—哈尔滨:哈尔滨工程大学出版社,2011.8(2016.1 重印)

ISBN 978-7-5661-0234-8

Ⅰ.①工… Ⅱ.①王…②张…③张… Ⅲ.①工程制图-高等学校-习题集 Ⅳ.①TB23-44

中国版本图书馆 CIP 数据核字(2011)第 166343 号

出版发行 哈尔滨工程大学出版社
社　　址 哈尔滨市南岗区东大直街 124 号
邮政编码 150001
发行电话 0451-82519328
传　　真 0451-82519699
经　　销 新华书店
印　　刷 黑龙江省地质测绘印制中心印刷厂
开　　本 787mm×1 092mm　1/16
印　　张 8.5
字　　数 250 千字
版　　次 2011 年 7 月第 1 版
印　　次 2016 年 1 月第 4 次印刷
定　　价 17.00 元
http://www.hrbeupress.com
E-mail:heupress@hrbeu.edu.cn

前　　言

本习题集贯彻了教育部高等学校工程图学教学指导委员会 2004 年颁布的"普通高等院校工程图学课程教学基本要求"。以最新的国家技术制图标准为指导性文件，结合我校多年来编写的习题集，参考并吸收了校外优秀教材的典型题例编写而成，其中，很多题例为我校编委独创。本习题集与李广君等同志编写的《工程图学基础》教材配套使用。

本习题集章节与教材完全一致。在选题上贯彻由浅入深，循序渐进的原则，习题集题量略多于一般教学规定的要求，可供不同专业根据具体情况加以选用。

参加本习题集编写的有：王钢、王彪、石玲、李广君、吕金丽、张勇、张生坦等（以姓氏笔画为序）。王钢、张生坦、张勇为主编，石玲为主审。

由于编者水平有限，编写时间仓促，本习题集难免会有一些错误，望读者给予批评指正。

编　者

2011 年 6 月

目　　录

1-1 字体练习

机械制图标准序号名称件数重量材料备注比例期

制图基本知识看懂零件的三视图根据视图想出零件的形状并标注尺寸

1 2 3 4 5 6 7 8 9 0 φ R

A B C D E F G H I J K L M

1-2 字体练习

技 术 圆 柱 锥 齿 轮 蜗 杆 叶 螺 栓 钉 母 弹 簧 垫 圈 开 口 销

结 构 分 析 箱 体 盖 板 轴 承 瓦 挡 圈 套 筒 尾 架 体 定 位 套 密 封 盖 单 向 阀 活 塞 球

a b c d e f g h r j k l m n o p q r s t u v w x y z

 班级 姓名 学号

1-3 图线练习

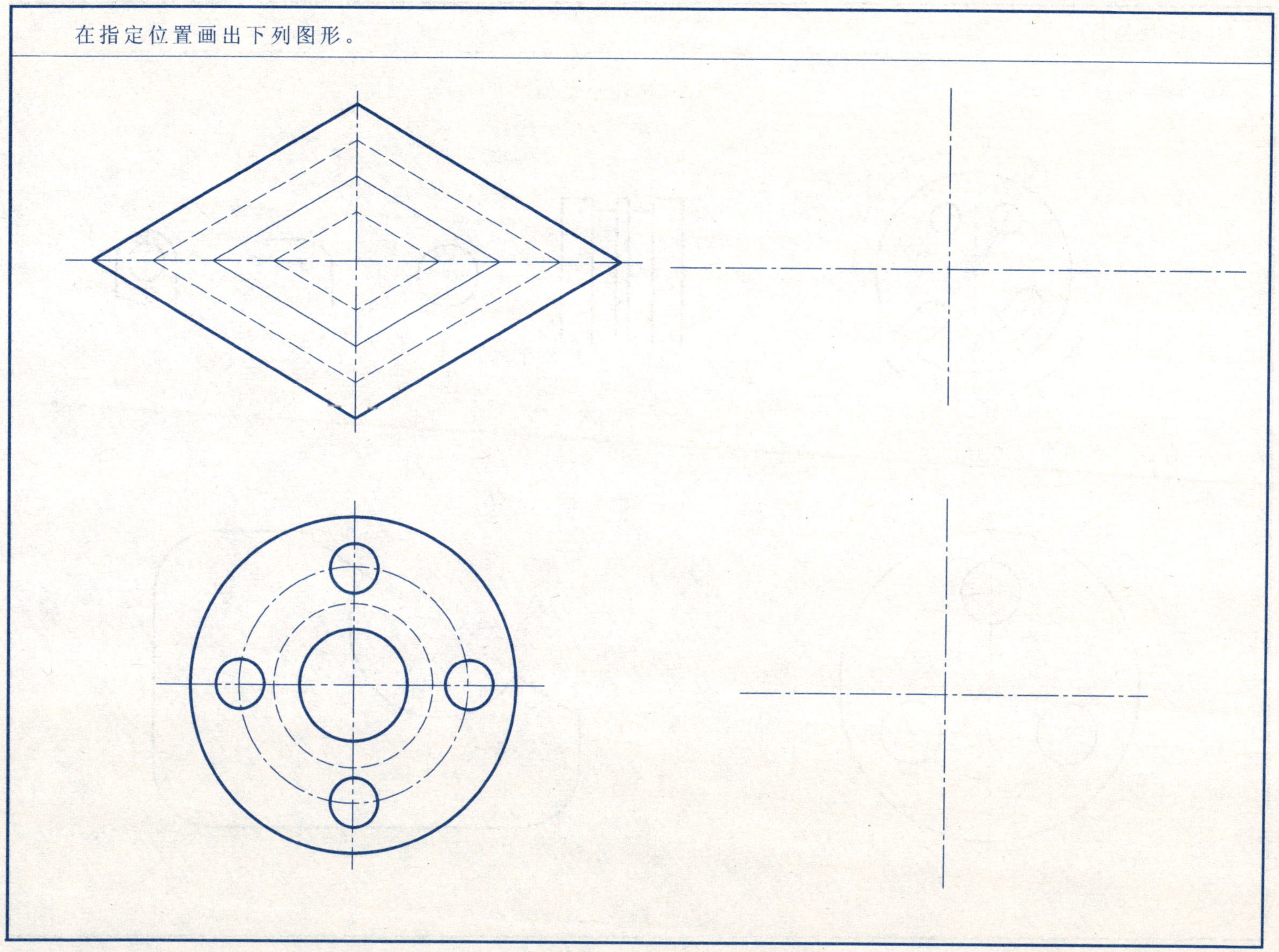
在指定位置画出下列图形。

1-4 尺寸注法

注出下列各类尺寸。

(1) 标注角度

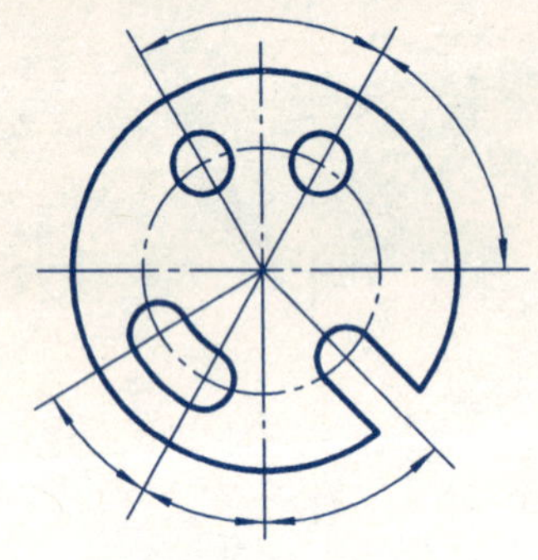

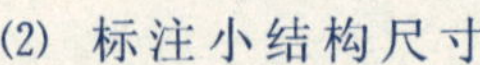

(2) 标注小结构尺寸

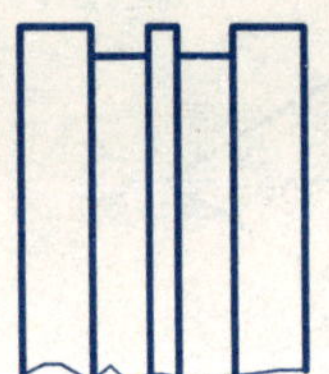

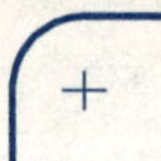

(3) 标注下列图中圆的直径尺寸和圆弧的半径尺寸。

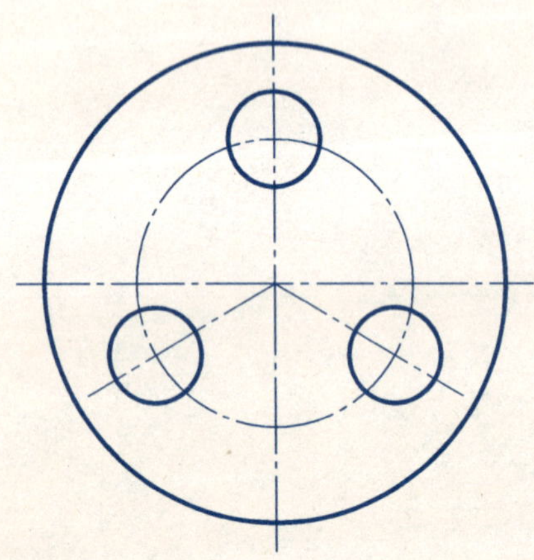

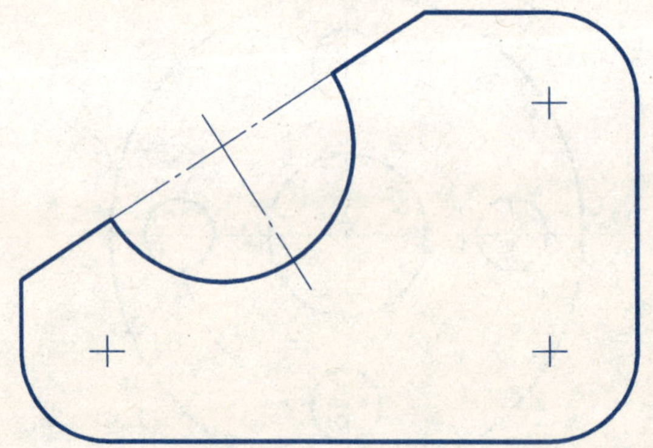

标注下列图形的尺寸(按1:1测量,取整数)。

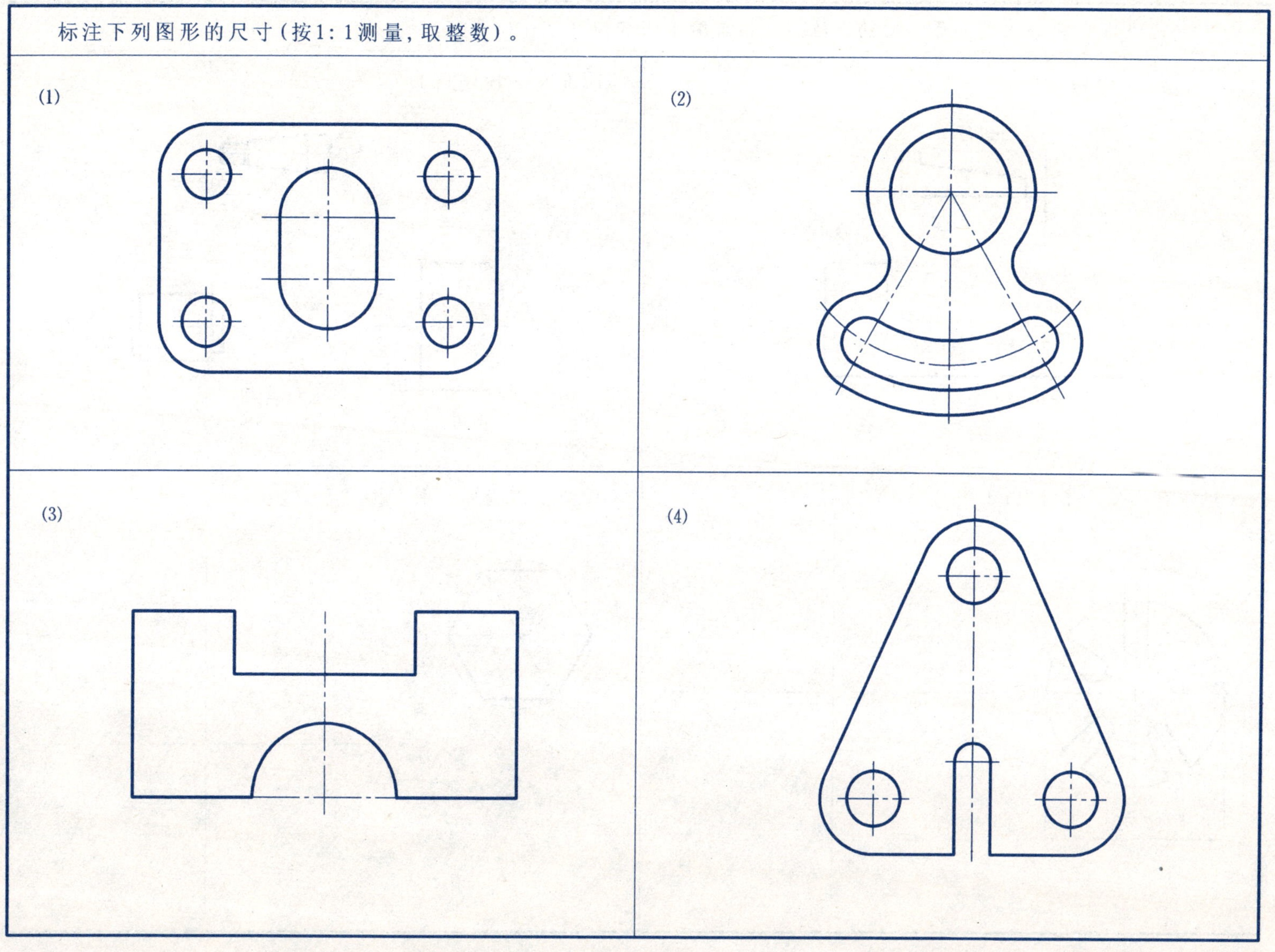

1-6 几何作图

斜度、锥度、等分圆周、作正多边形练习（按各图上所标尺寸及比例作图）。

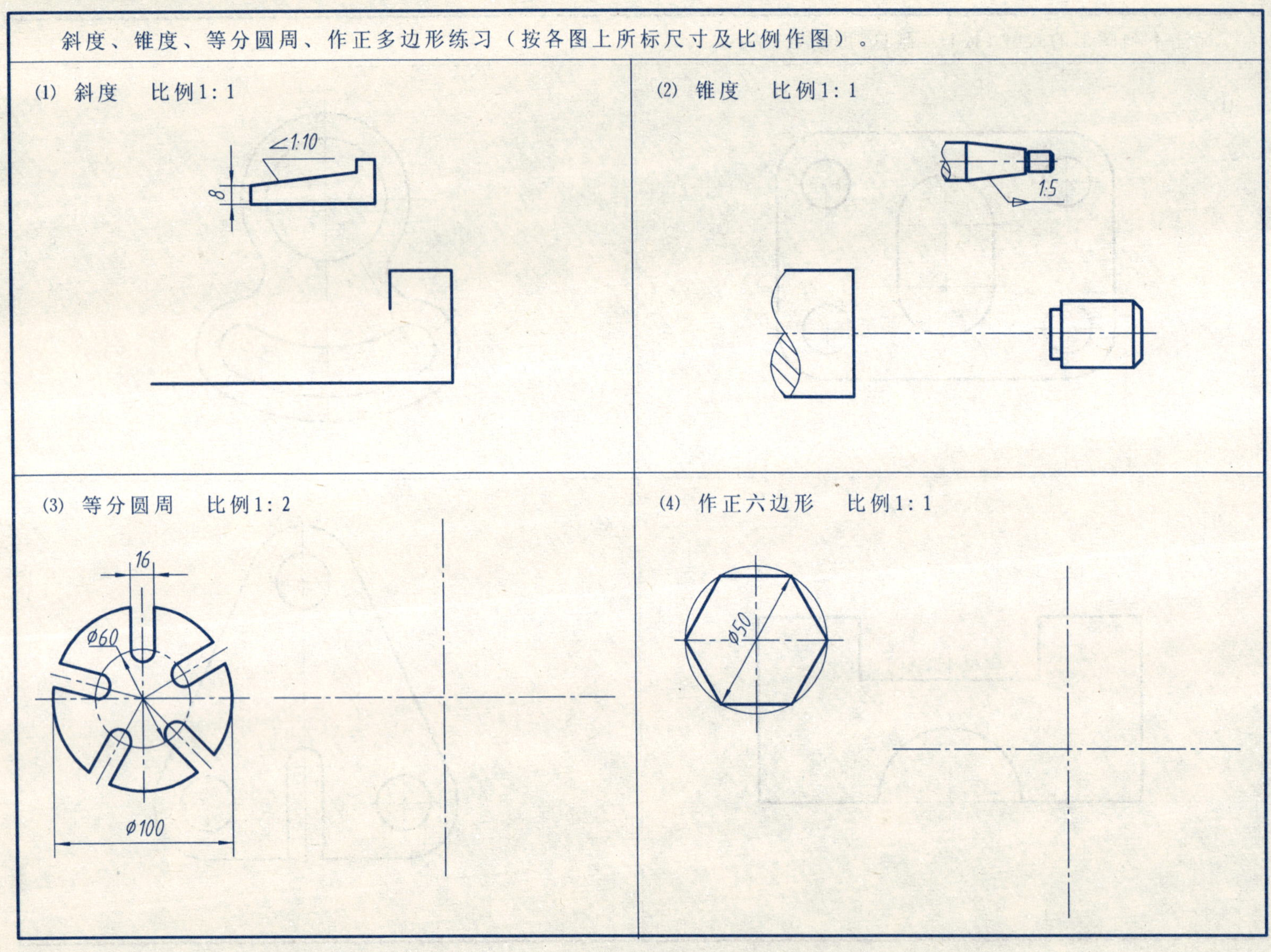

 班级 姓名 学号

分析平面图形的尺寸，填空回答问题。

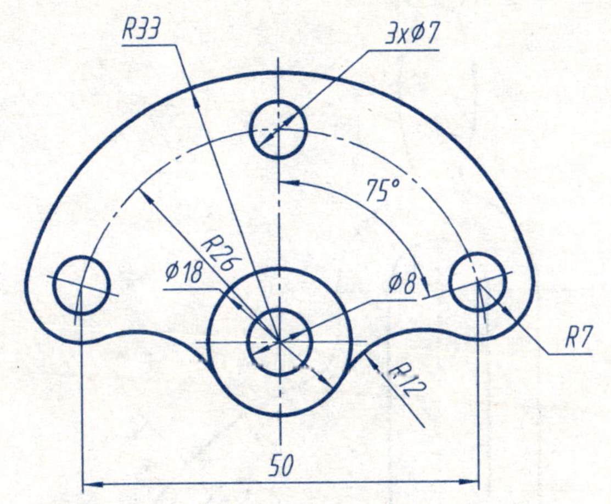

上图中：

（1）定位尺寸是____________________；

（2）连接圆弧是____________________；

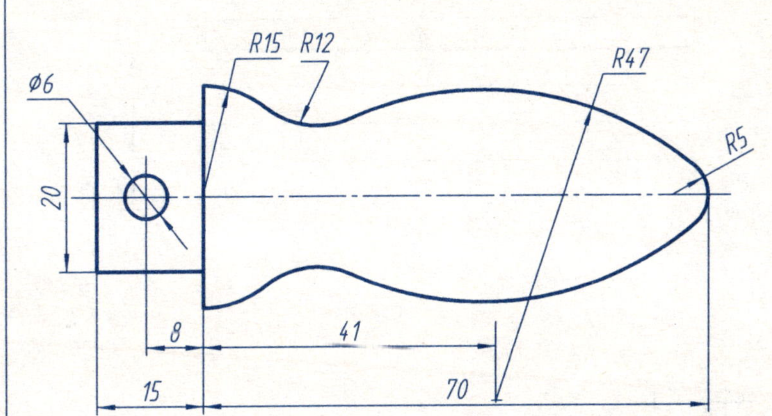

上图中：

（1）定形尺寸是____________________；

（2）定位尺寸是____________________；

（3）已知圆弧是____________________；

（4）中间圆弧是____________________；

（5）连接圆弧是____________________；

（6）在图中标出轴向和径向定位基准。

1-8 基本练习

按1:1把下列图样抄绘在A3图纸上。

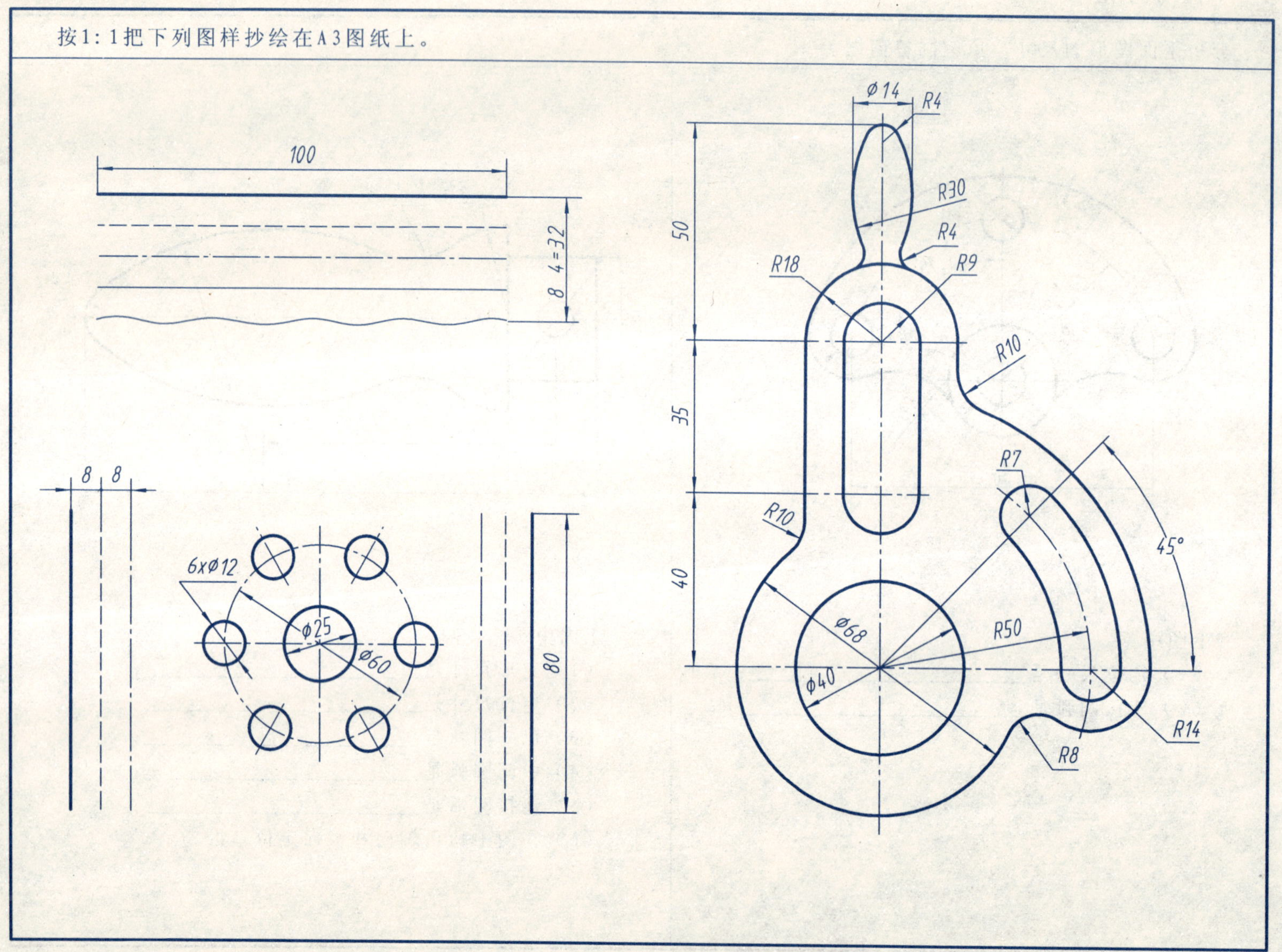

1-9 圆弧连接

按2：1比例把下列图形抄绘在A3图纸上

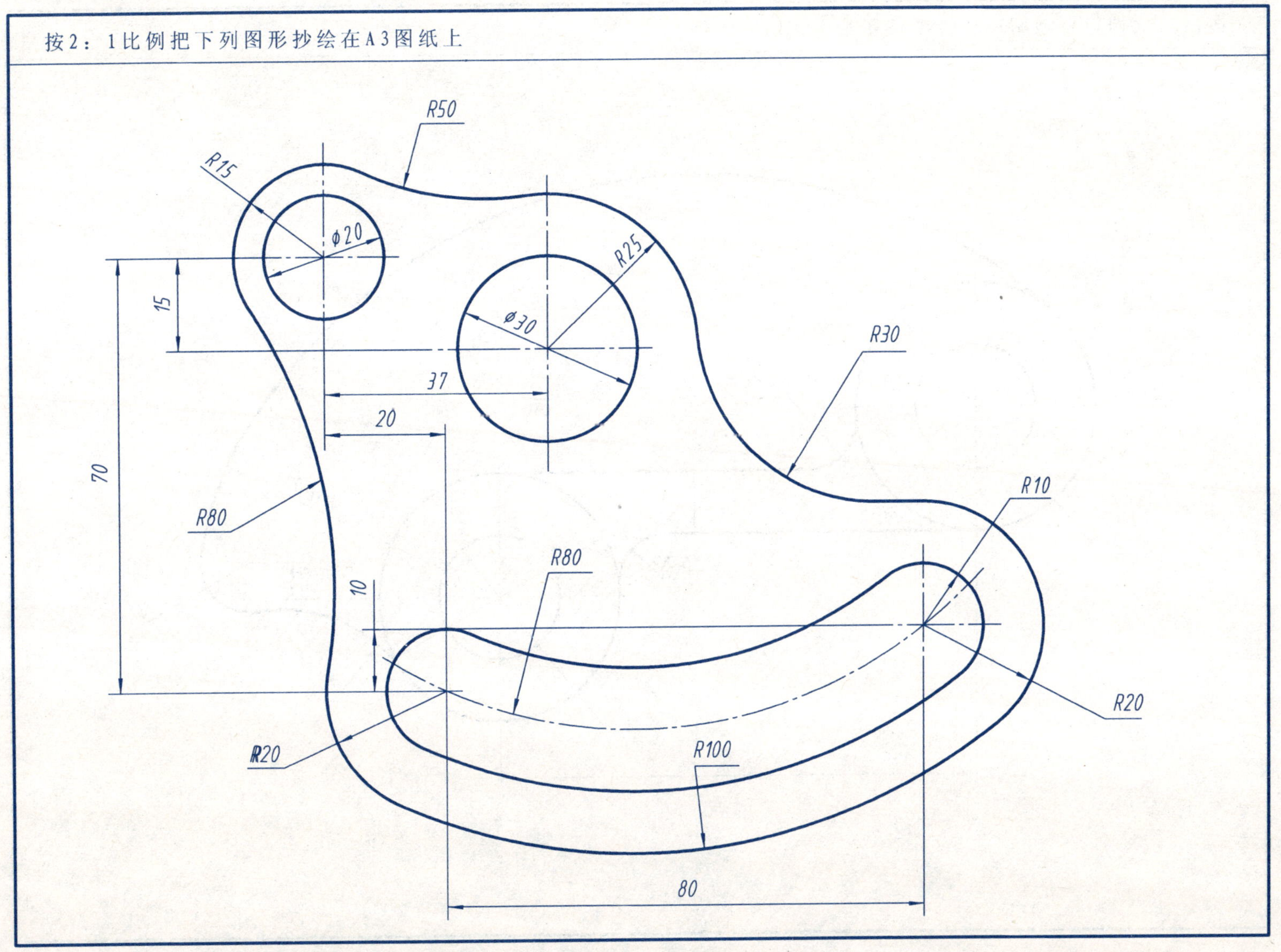

按1：1比例把下列图形抄绘在A3图纸上。

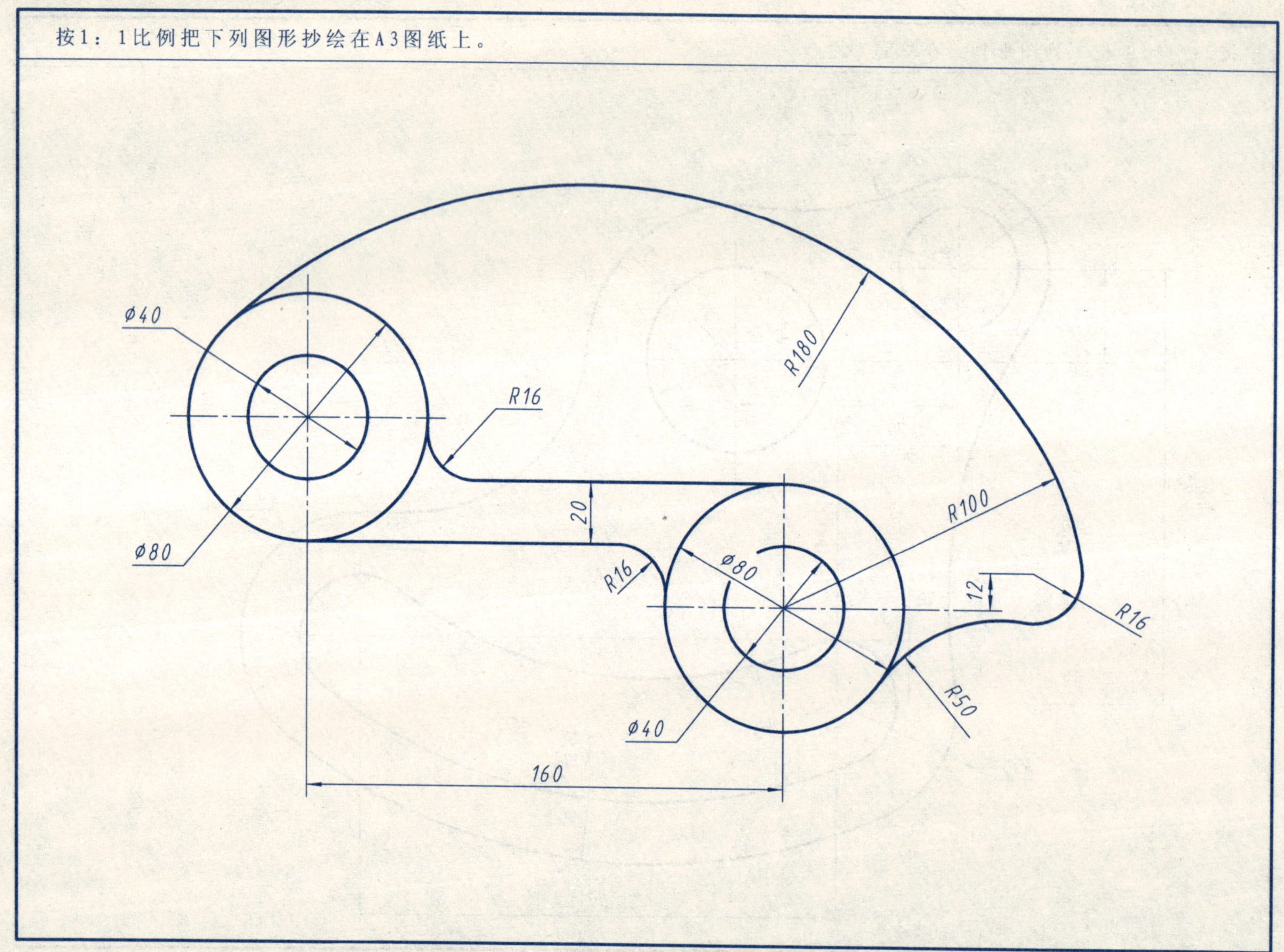

2-1 点的投影

(1) 根据轴测图，作出A、B、C、D各点的两面投影图，并量出各点到V面和H面的距离，填入表内。

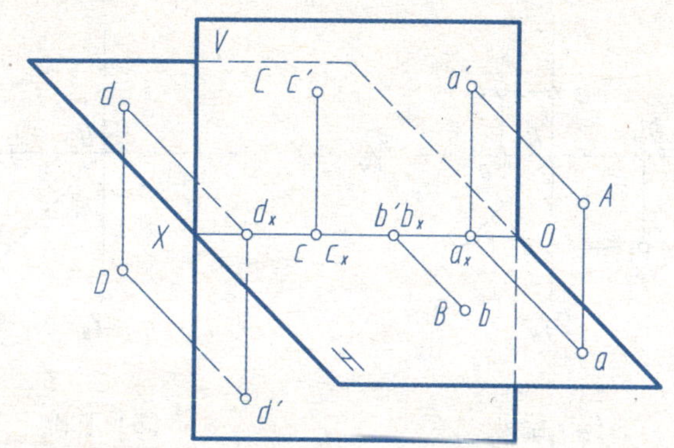

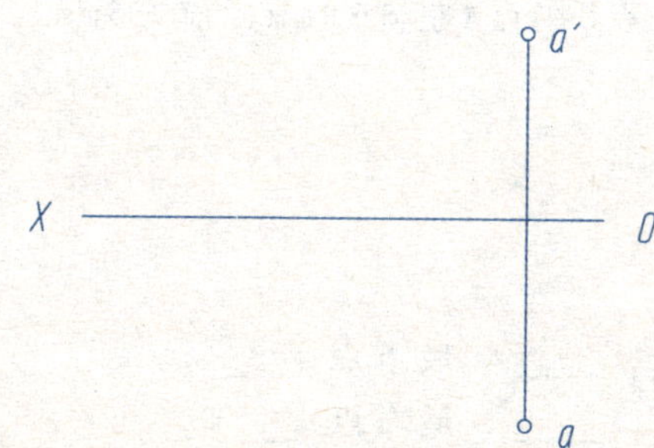

点	A	B	C	D
位置	第一分角			
到V面的距离(mm)	18			
到H面的距离(mm)	16			

(2) 按轴测图作出A、B、C各点的三面投影。

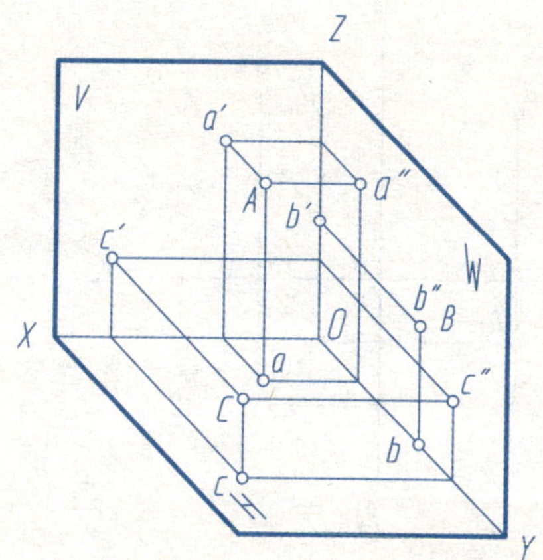

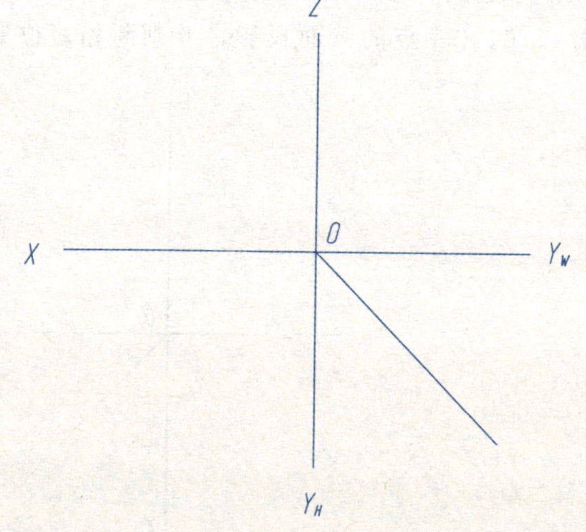

2-2 点的投影

(1) 已知各点的两投影，补全第三投影，不可见的加括号。

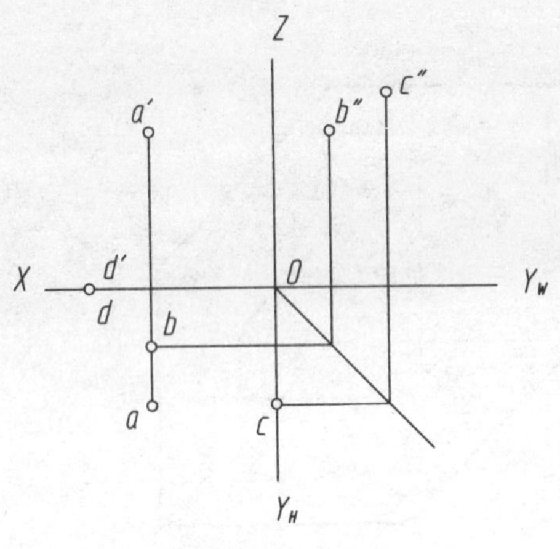

(2) 已知(a)图中给出点的投影有错误，对其进行分析，正确地画出各点的三面投影。

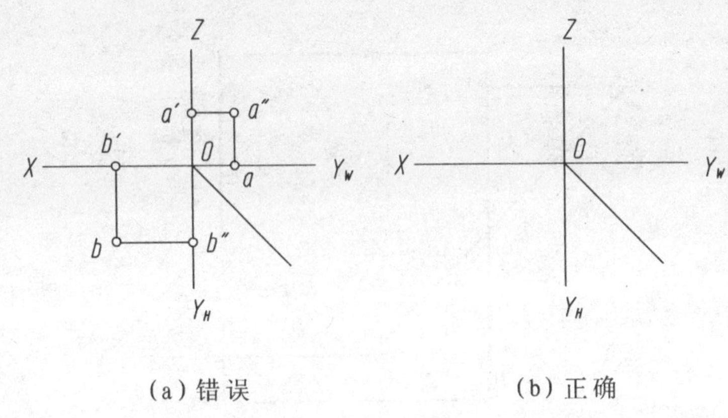

(a) 错误　　(b) 正确

(3) 已知点A(5,15,20)，点B距投影面H、V、W分别为15、10、20，点C在点A左方10mm、前方5mm、上方5mm，求作出A、B、C三点的三面投影，并判断相对位置。

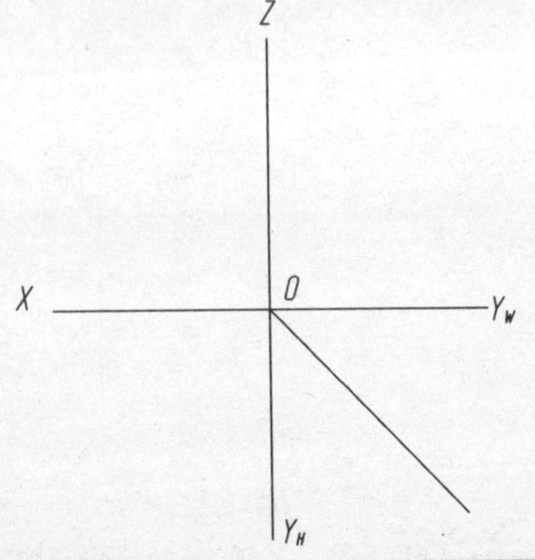

最上点：_____、最下点：_____；

最左点：_____、最右点：_____；

最前点：_____、最后点：_____。

2-3 直线的投影

(1) 已知立体图及其三面投影图，求作：①在三面投影图上标出空间点A、B、C、D、E的投影；②判断AB、BC、CD、DE、EF相对投影面各是何种位置线。

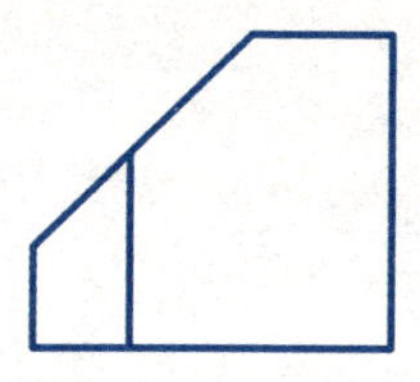

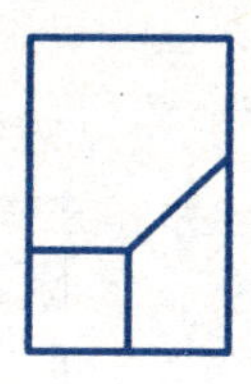

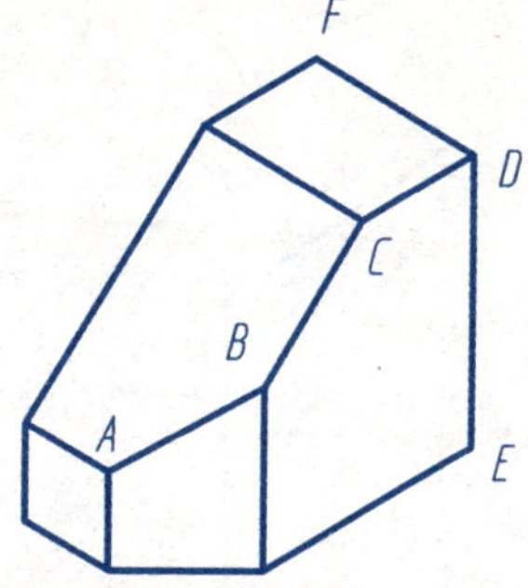

AB是：________

BC是：________

CD是：________

DE是：________

DF是：________

(2) 判别下列直线对投影面的相对位置。

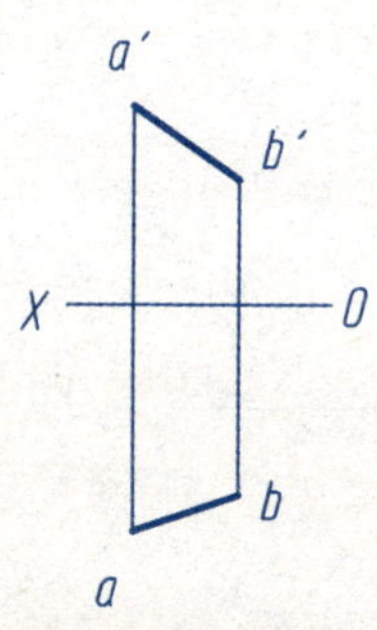

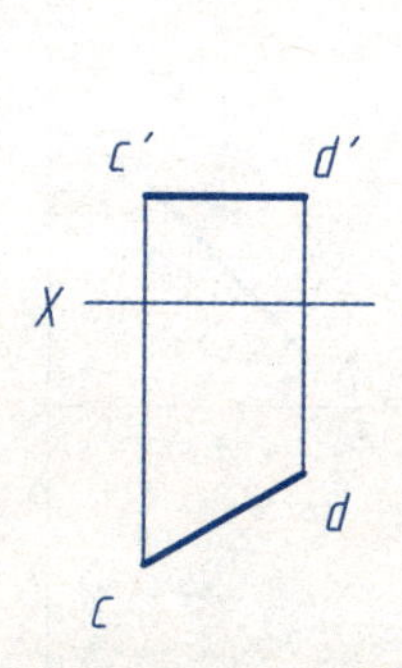

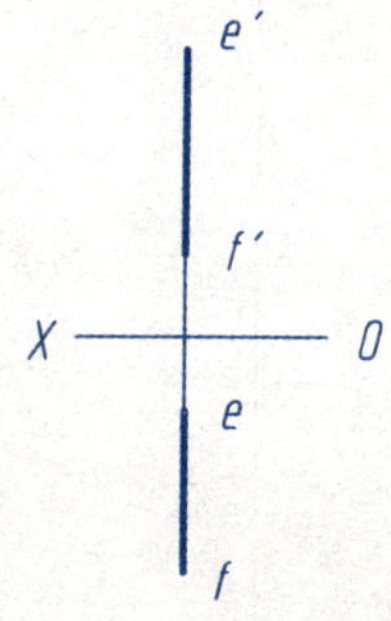

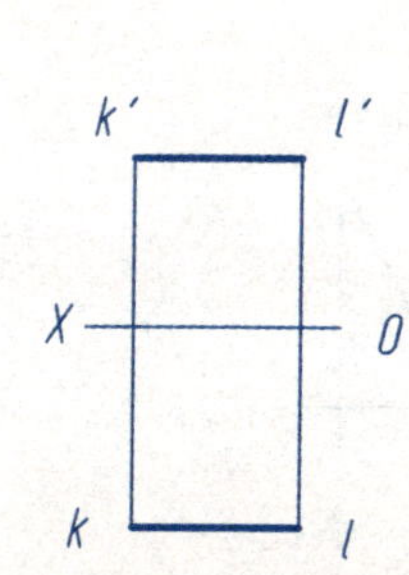

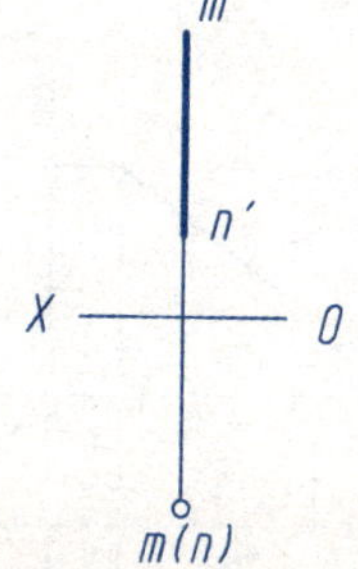

AB是：________ CD是：________ EF是：________ KL是：________ MN是：________

2-4 直线的投影

(1) 根据已知条件，画出直线AB的三面投影。

①AB∥V面

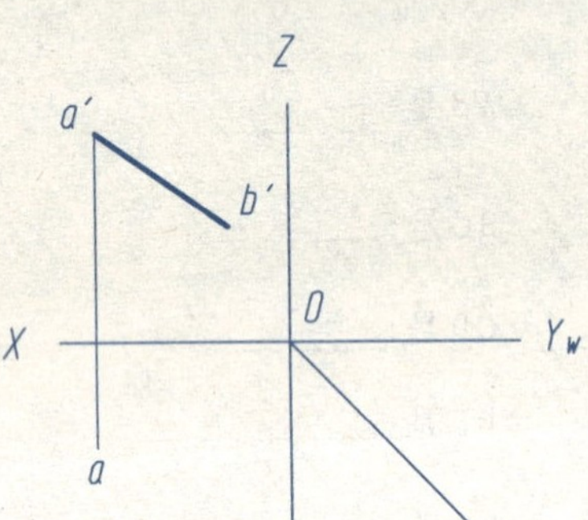

②点B在V面上

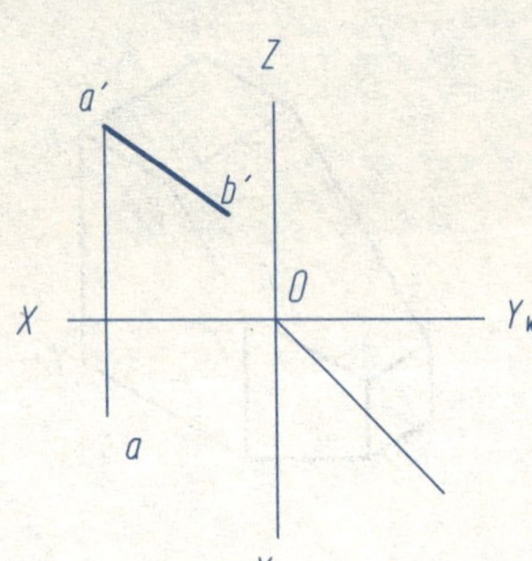

③AB长15mm（只求一解）

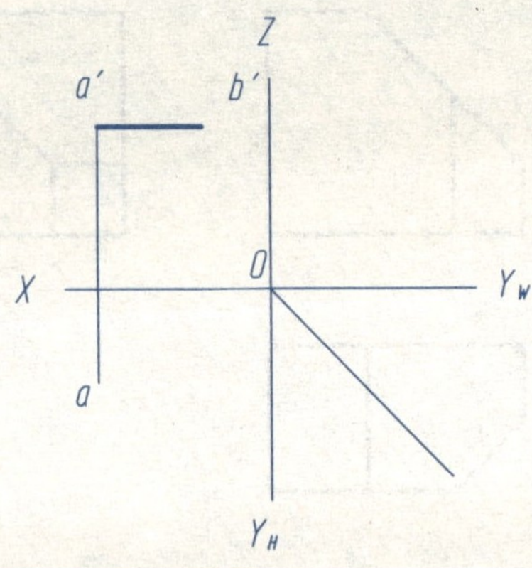

(2) 已知线段的投影，求作线段AB的实长及各倾角α、β和γ。

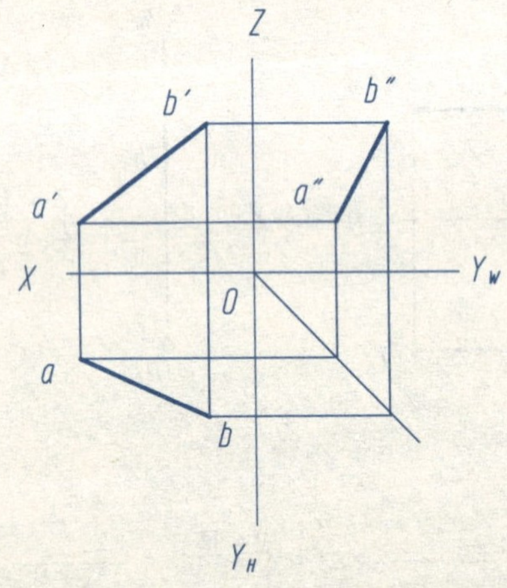

(3) 已知直线AB的倾角β＝30°，完成AB的投影（两解）。

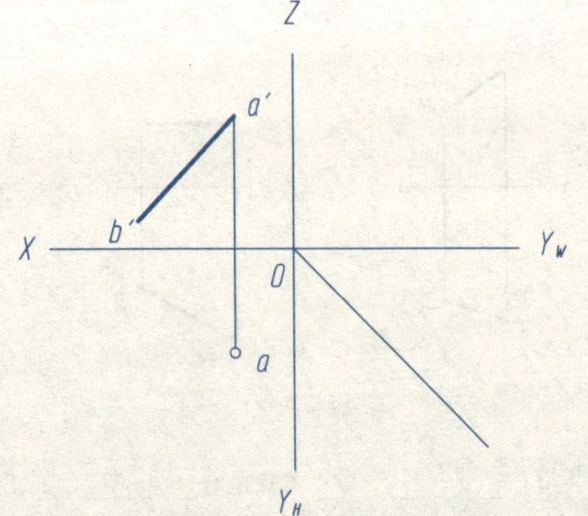

 班级　　　姓名　　　学号

2-5 直线的投影

(1) 在直线AB上取一点C，使AC：CB=2：3，求点C的两面投影（不用侧面投影）。

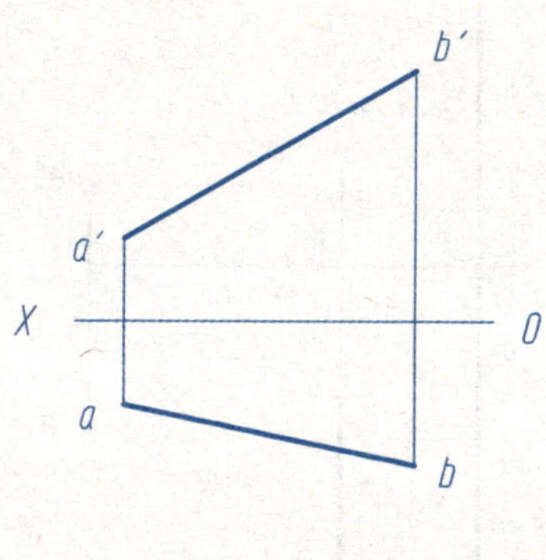

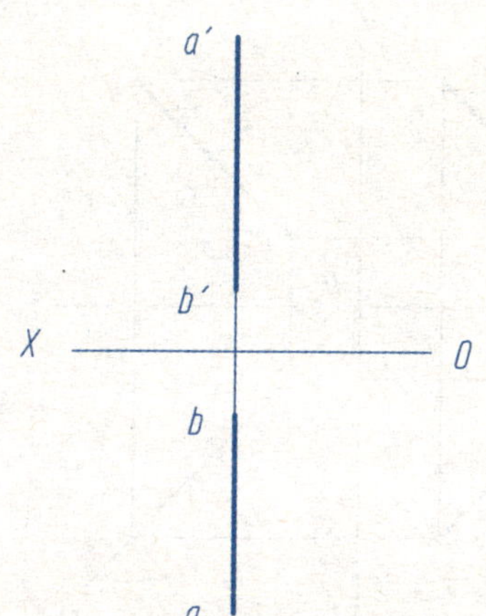

(2) 判定直线AB与CD的相对位置（平行、相交、交叉）。

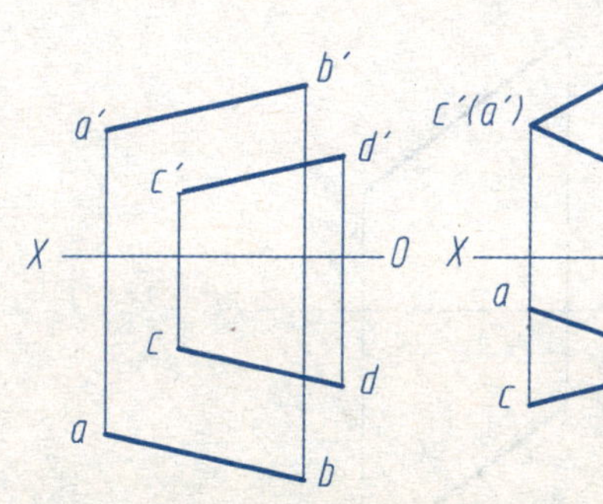

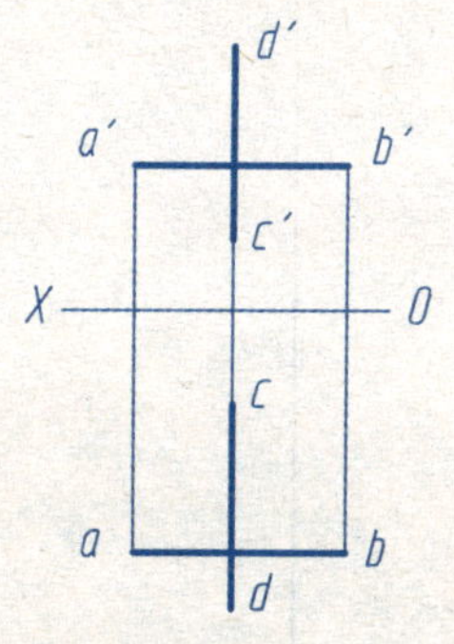

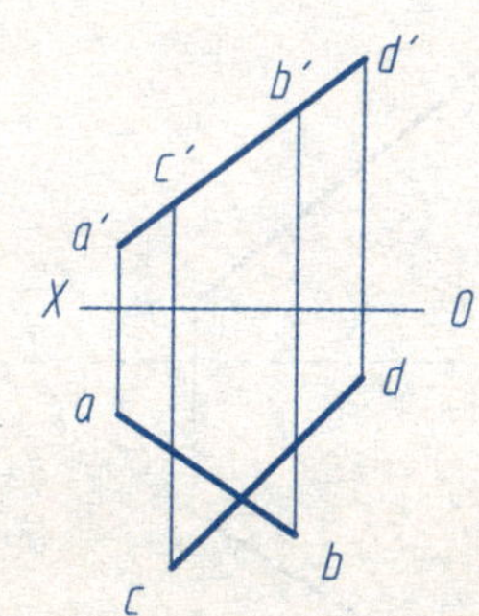

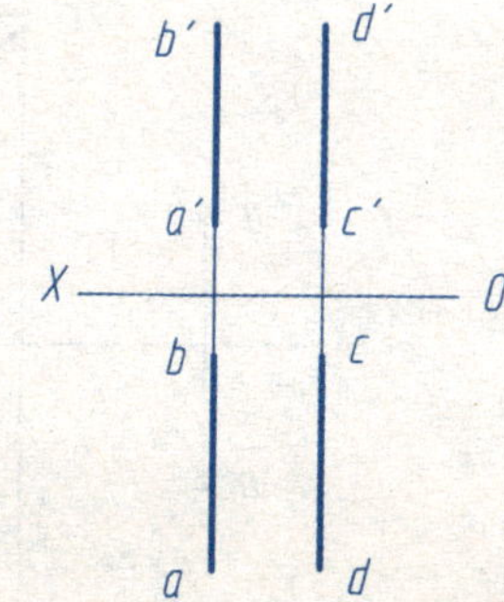

______ ______ ______ ______ ______

2-6 直线的投影

(1) 过点K作一直线KG与AB相交，点G在Z轴上。

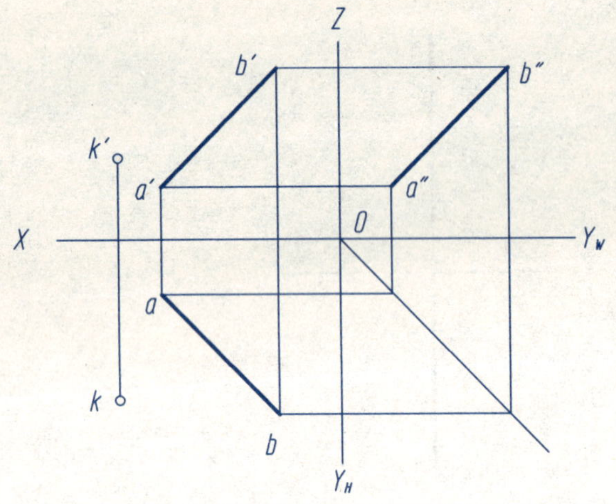

(2) 过点E作一直线与AB、CD都相交。

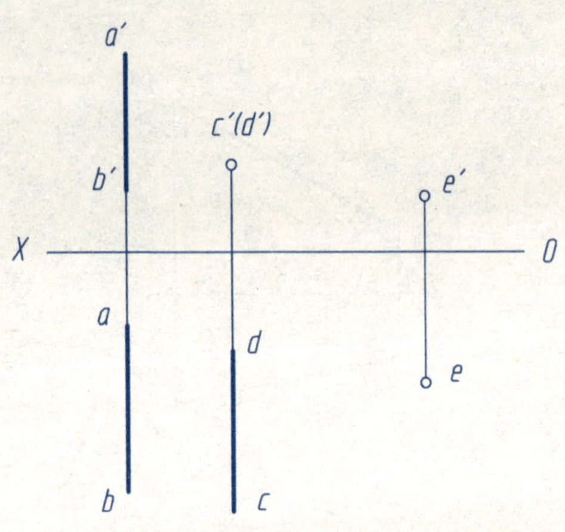

(3) 过点A作一直线AB与CD相交，交点B距H面16mm。

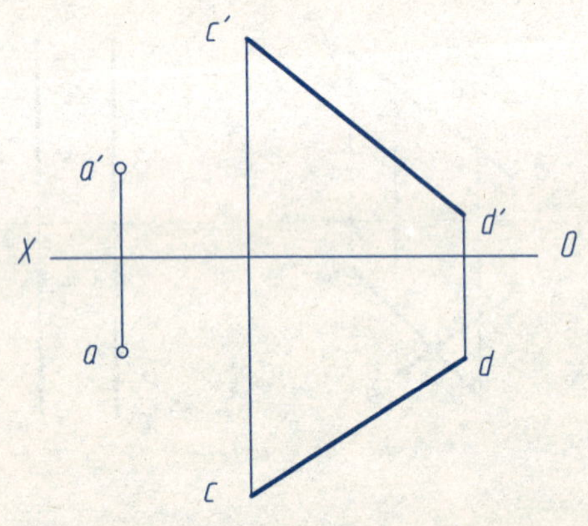

(4) 过点C作一水平线CD与直线AB相交。

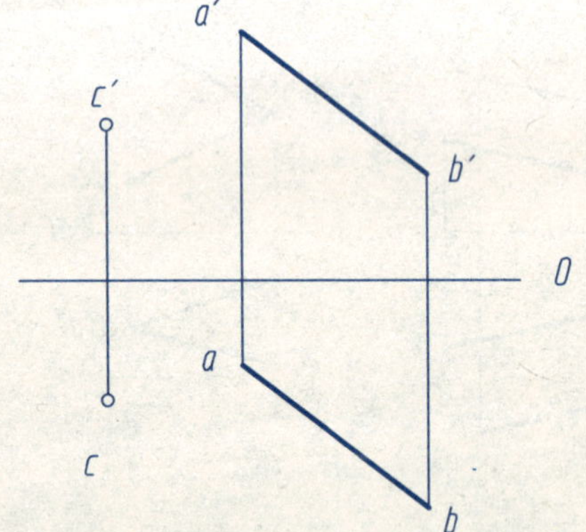

2-7 直线的投影

(1) 作正平线EF，使EF距V面20mm，且与AB、CD相交。

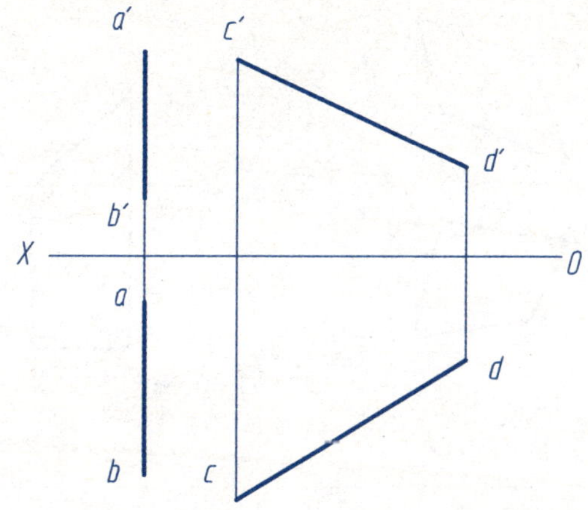

(2) 求交叉两直线的重影点，不可见时用括号。

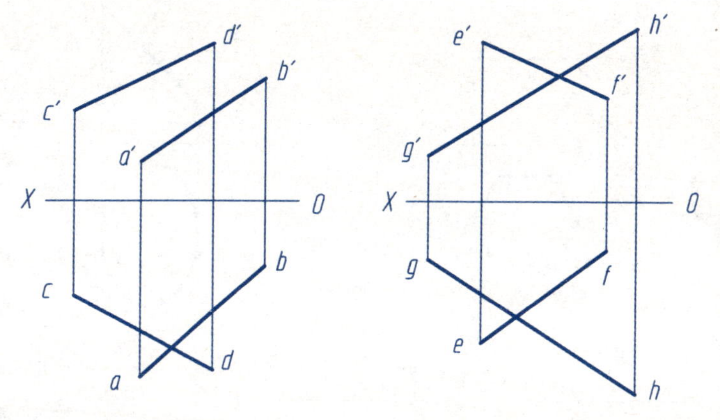

(3) 求作点C到直线AB的距离。

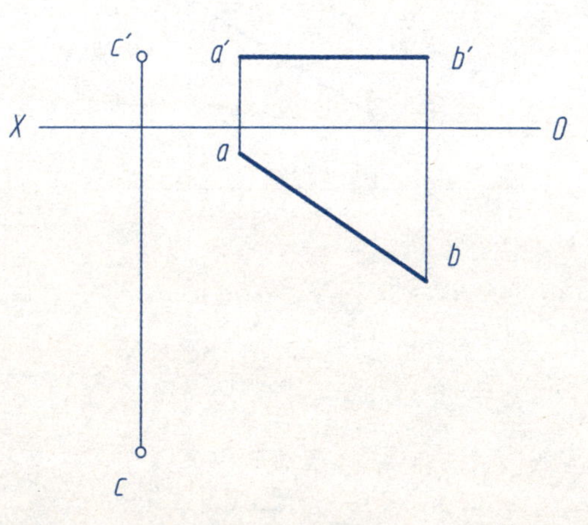

(4) 完成正方形ABCD的两面投影。

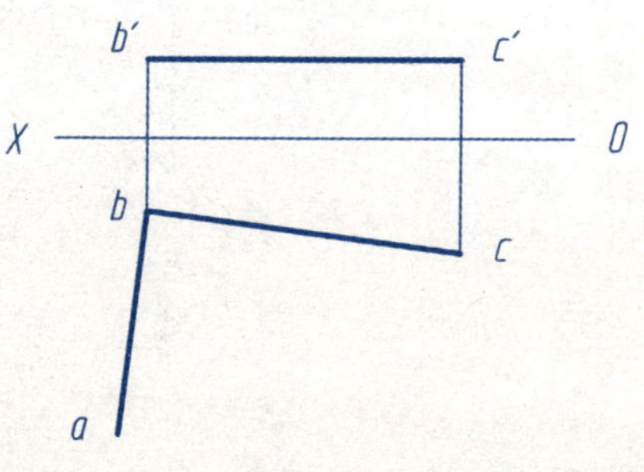

2-8 平面的投影

(1) 写出下列平面相对投影面的位置名称。

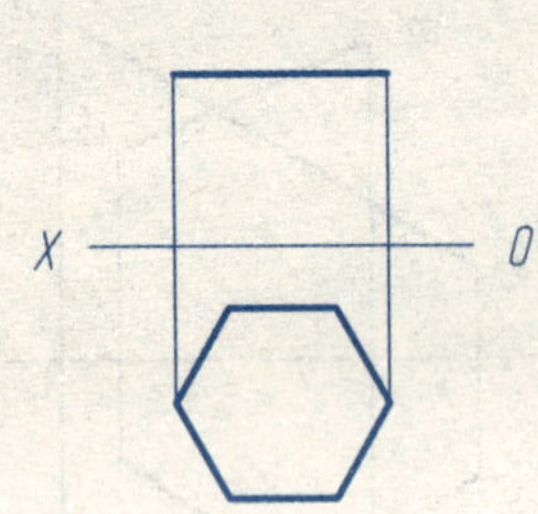

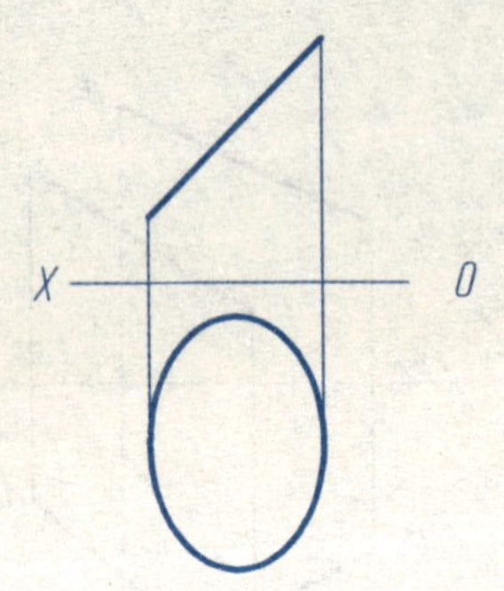

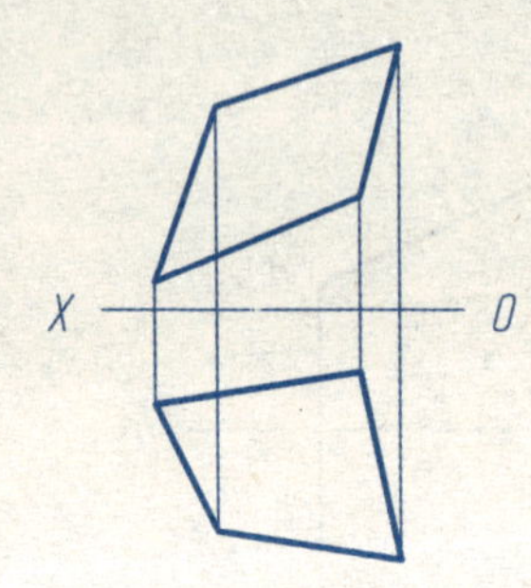

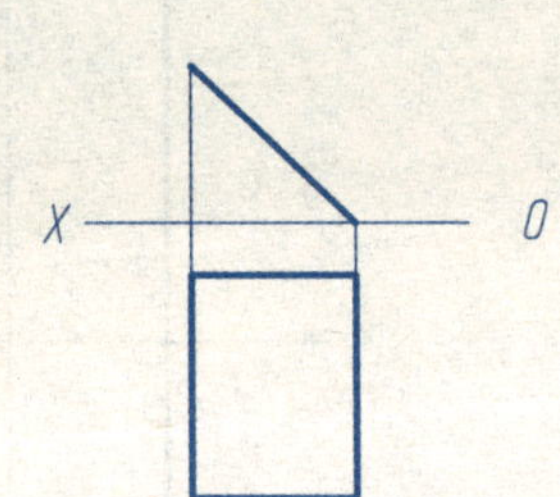

六边形是：________面　　圆是：________面　　四边形是：________面　　矩形是：________面

(2) 补平面第三投影，并判断各平面相对投影面的位置。

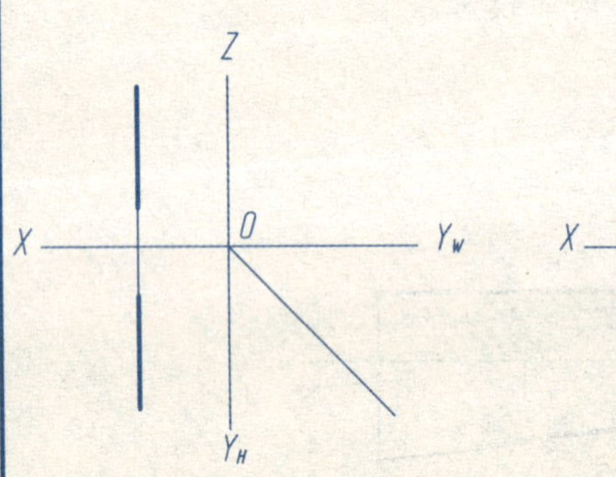

平面是：______面

α = ______

β = ______

γ = ______

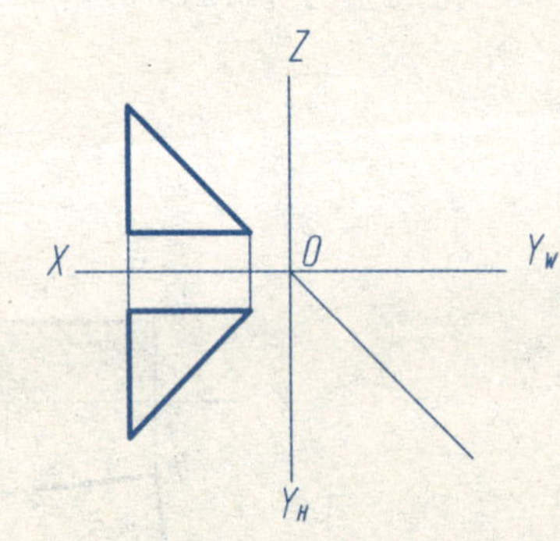

平面是：______面

α = ______

β = ______

γ = ______

(3) 过直线AB作一铅垂面△ABC。

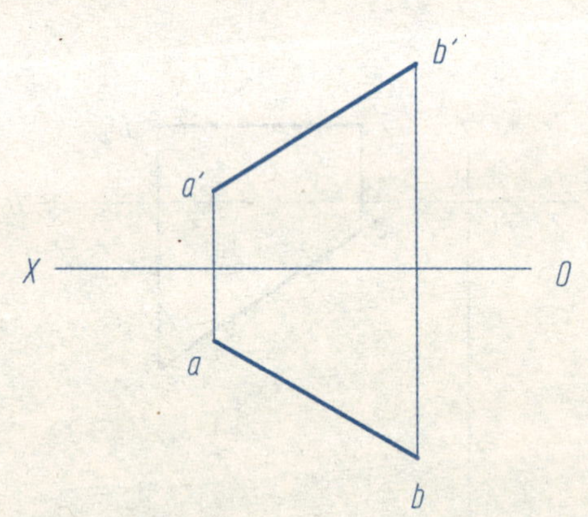

2-9 平面的投影

(1) 已知△ABC为侧垂面，且α=60°，完成其三面投影。（只求一解）

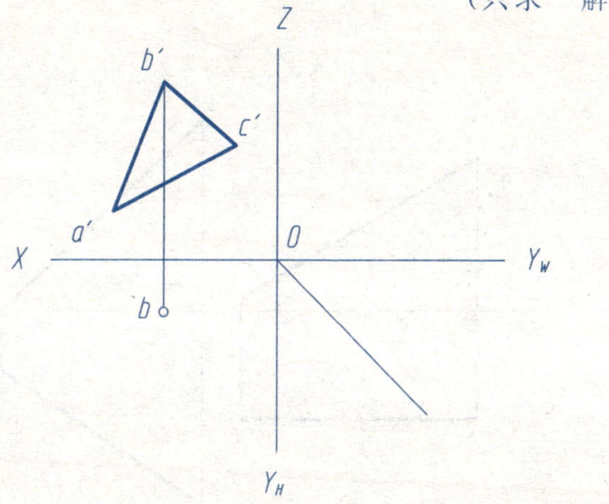

(2) 已知△ABC为侧垂面，作出其水平投影。

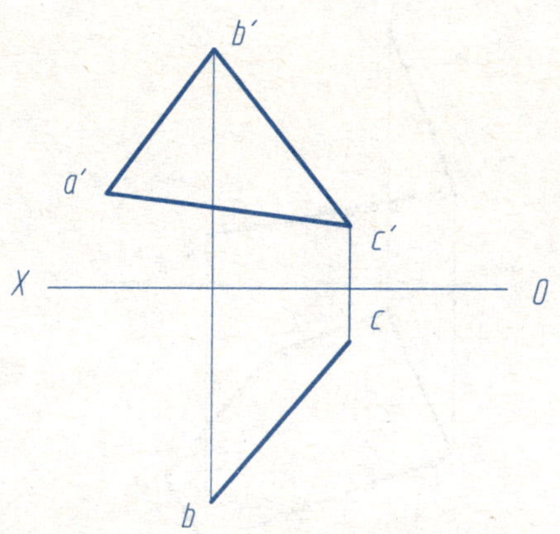

(3) 作直线DK⊥△ABC，垂足为K，求作DK的三面投影。

(4) 判定三条平行线AB、CD、EF是否共面（画√）。

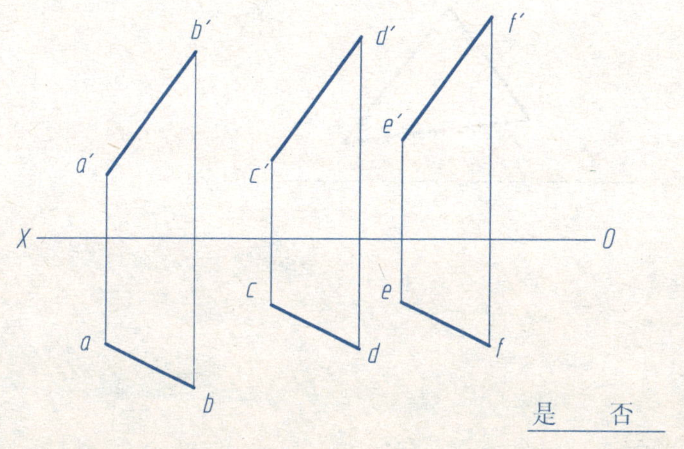

2-10 平面的投影

(1) 补全五边形平面的正面投影。

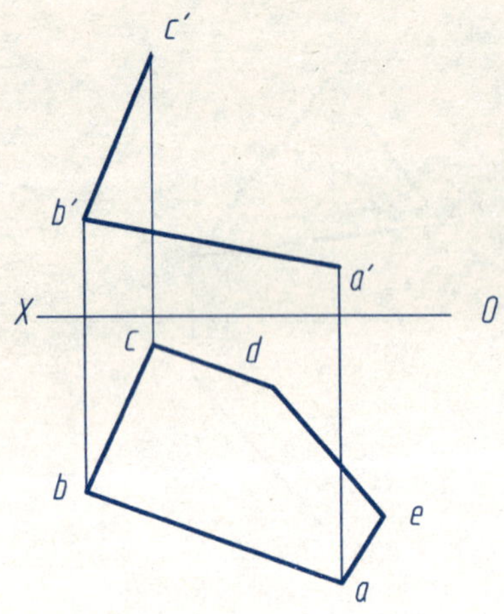

(2) 已知矩形ABCD的一点在EF上，完成ABCD的两面投影

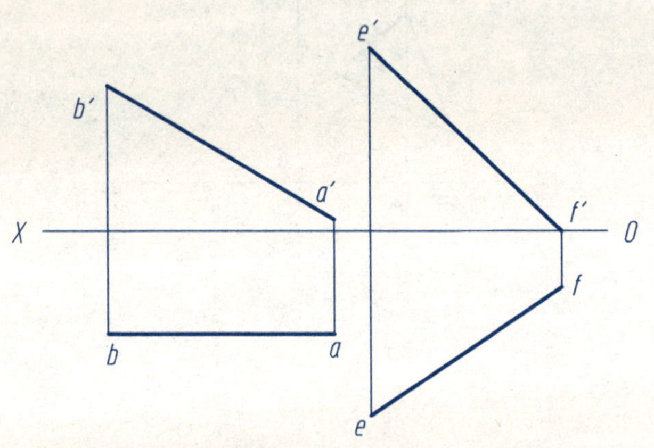

(3) 已知△ABC为铅垂面，且β＝45°，求△ABC的实形。

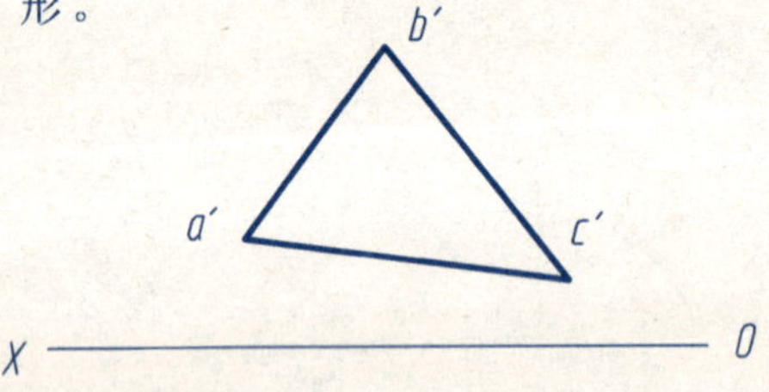

(4) △ABC属于平面DEFG，其中B点在FG上，AB平行于DG，且AC为长度16mm的正平线，求作△ABC的两面投影。

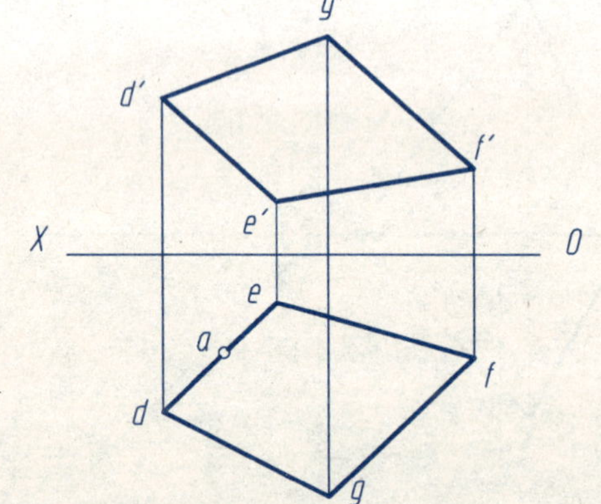

 班级 姓名 学号

2-11 平行问题

(1) 判断平面与直线的相对位置。

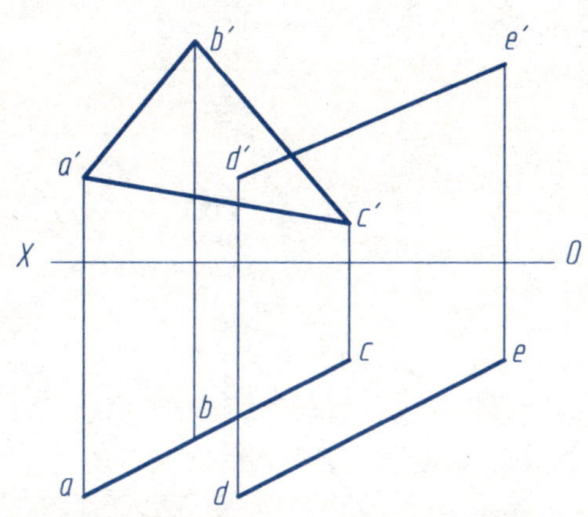

直线EF与平面ABC ______

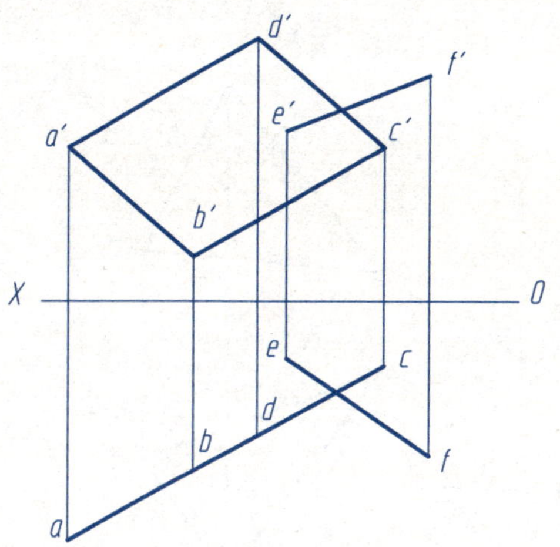

直线EF与平面ABCD ______

(2) 已知直线MN平行于四边形ABCD，求MN的水平投影。

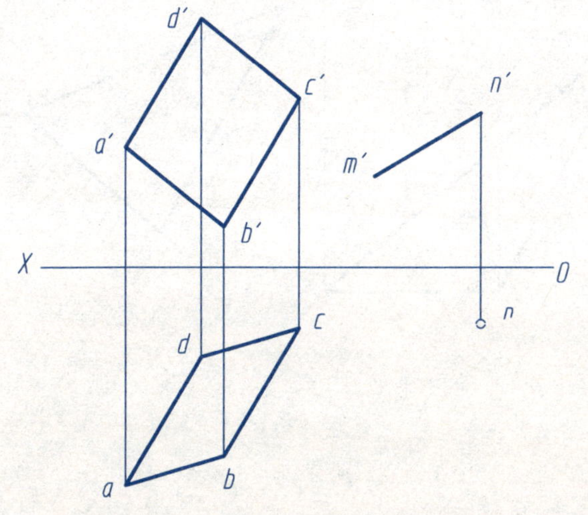

(3) 过K点作一平面平行于已知平面。

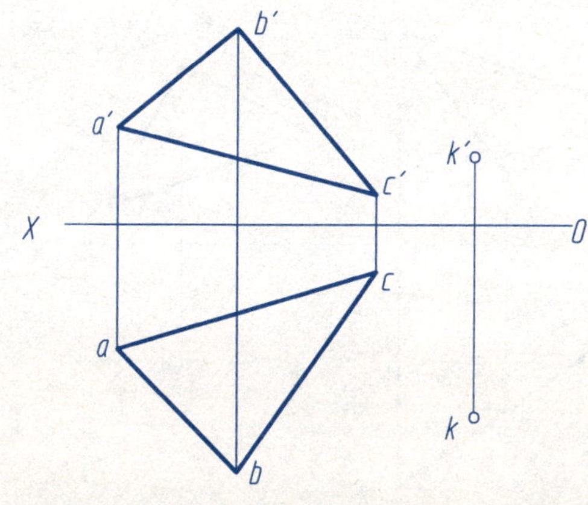

2-12 平行问题

(1) 过点D作直线DE，使DE同时平行于平面△ABC和V面。

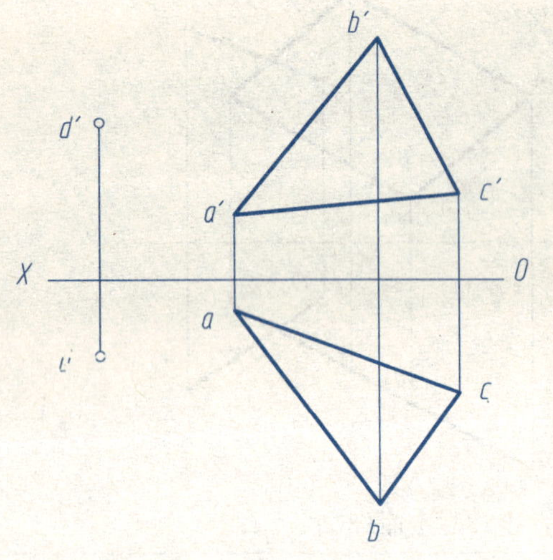

(2) 已知平面△DEF平行于△ABC，完成△DEF的水平投影。

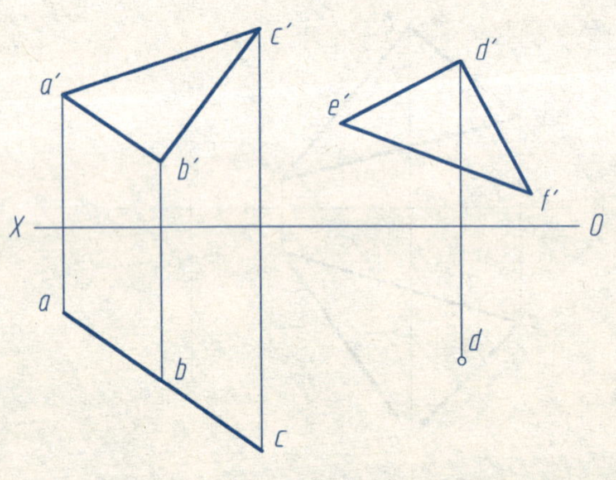

(3) 已知平面△ABC平行于△DEF，点M属于△ABC作出其正面投影。

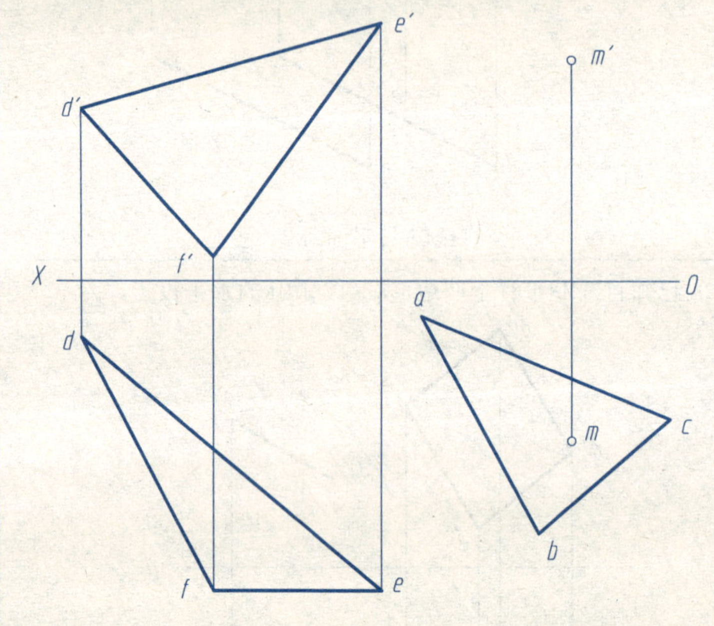

 班级　　　　姓名　　　　学号

2-13 相交问题

(1) 求直线与平面的交点，并判别可见性。

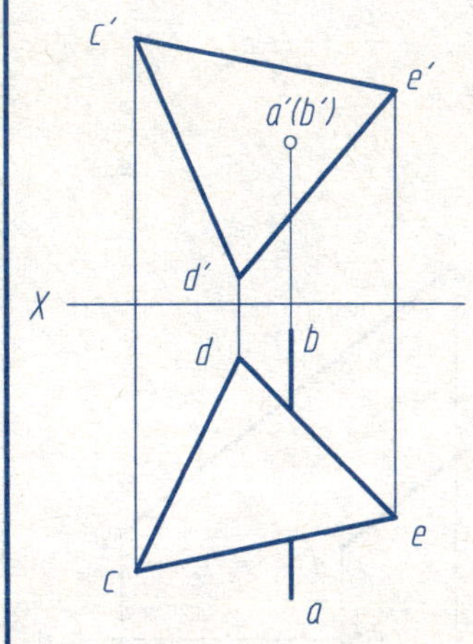

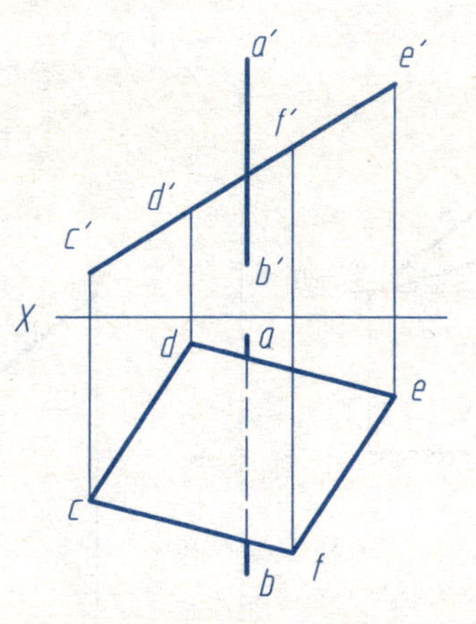

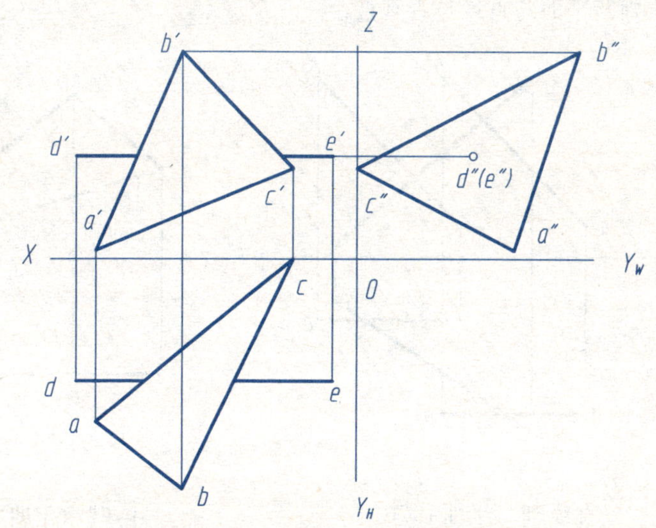

(2) 求投影面倾斜线与垂直面的交点，并判别可见性。

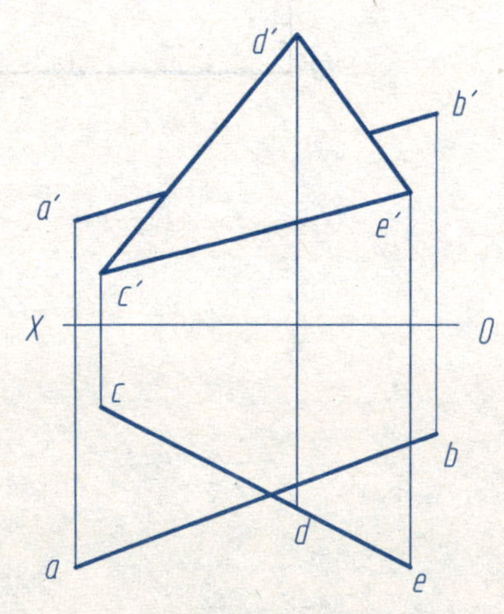

(3) 求投影面倾斜面与投影面垂直面的交线，并判别可见性。

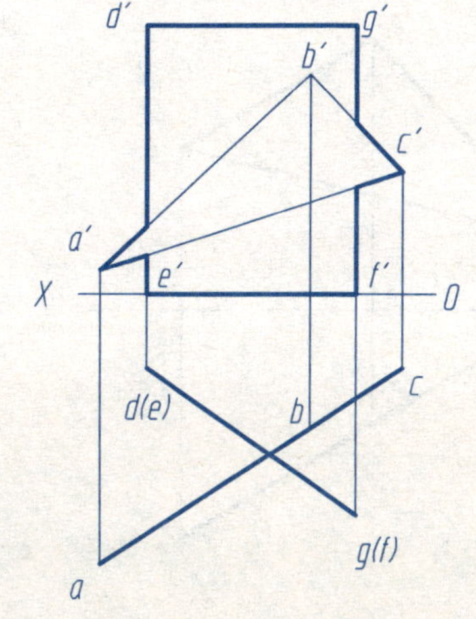

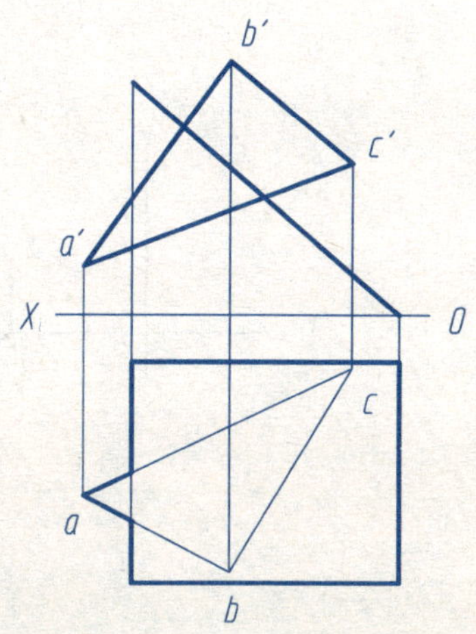

2-14 垂直问题

(1) 判断平面与直线是否垂直。
f′
b′
d′
a′
c′
e′
X
O
e
c
d
a
b
f
直线EF与平面ABCD
b′
d′ (e′)
a′
c′
X
O
e
a
c
b
d
直线EF与平面ABC
(2) 已知点K到平面△ABC的距离为20mm，正面投影已知，求K点的水平投影k。
b′
k′
c′
a′
X
O
a
b
c
(3) 求平行线AB与CD间的距离。
a′
c′
b′
d′
X
O
c
d
a
b

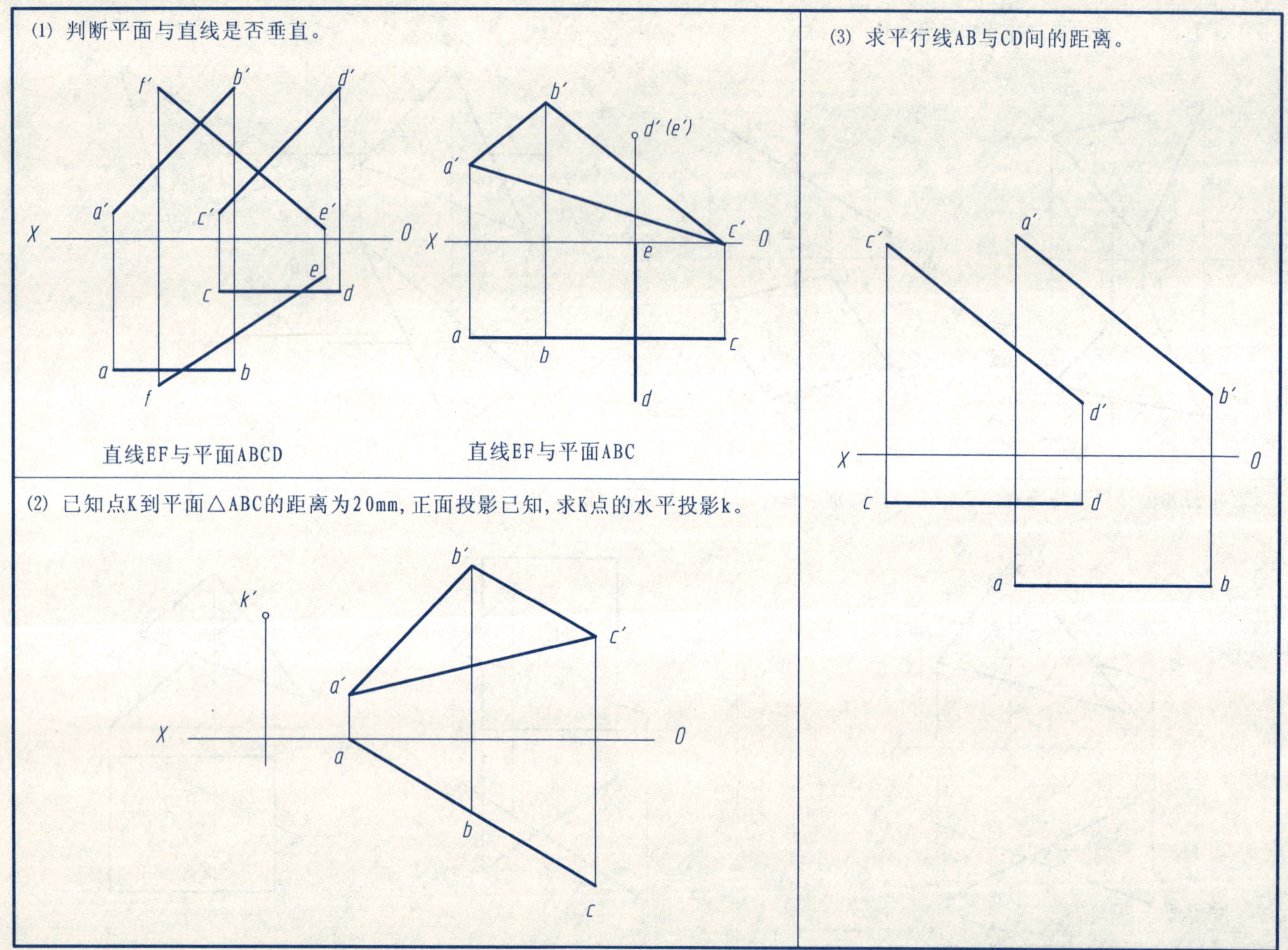

2-15 综合问题

(1) 求作角ABC的平分线。

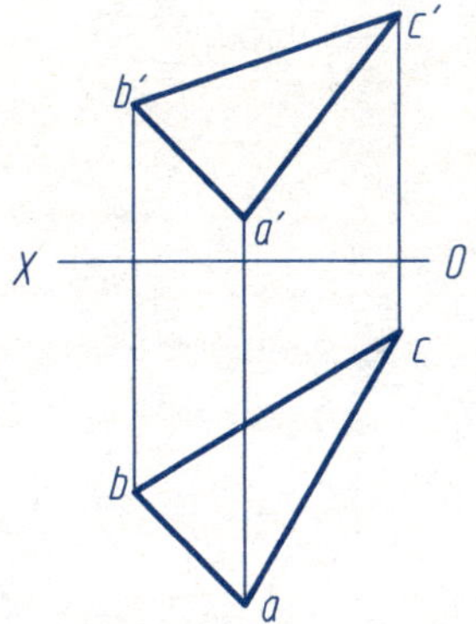

(2) 过点K作一平面平行直线EF，且垂直于矩形ABCD。

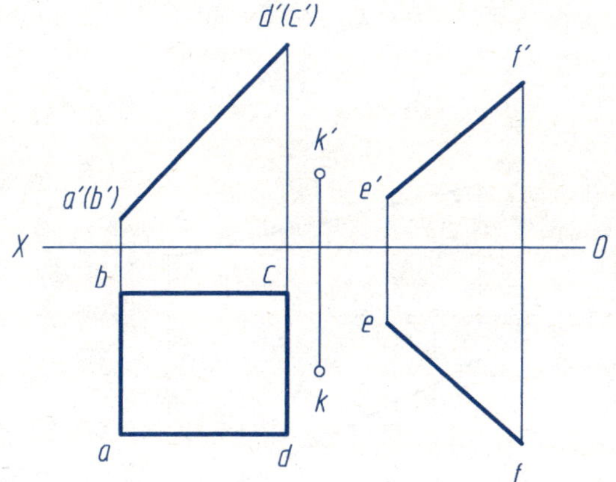

(3) 以AB为一边作等边三角形ABC，使C点属于H面。

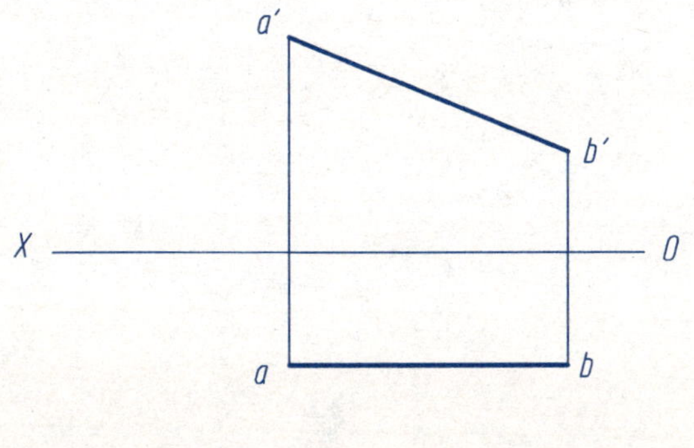

(4) 已知AC是正方形的对角线，另一对角线BD为侧平线，完成正方形的投影。

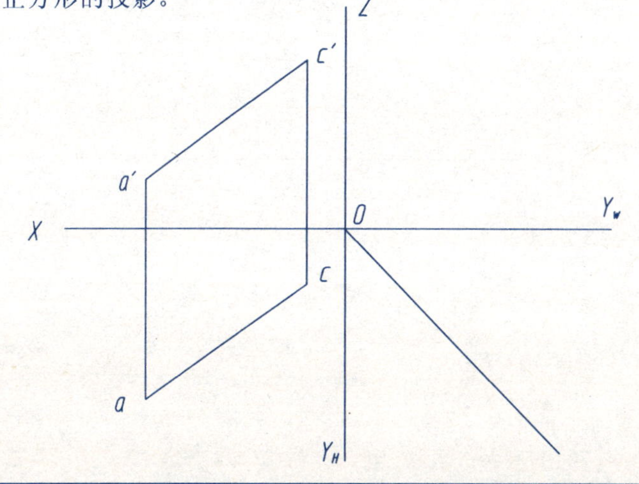

(1) 求出直线AB对V面的倾角及实长。

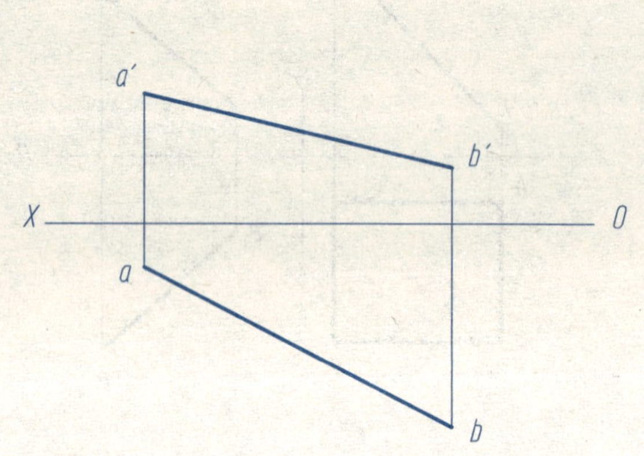

(2) 已知直线DE的端点E比D高，DE=40，用换面法 完成d′e′.

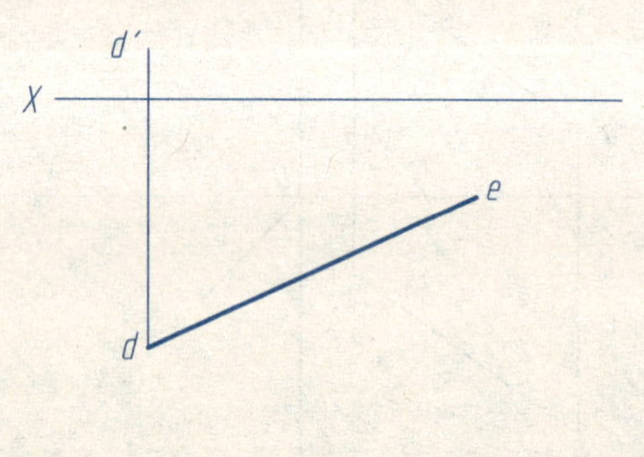

(3) 求D点到△ABC的距离。

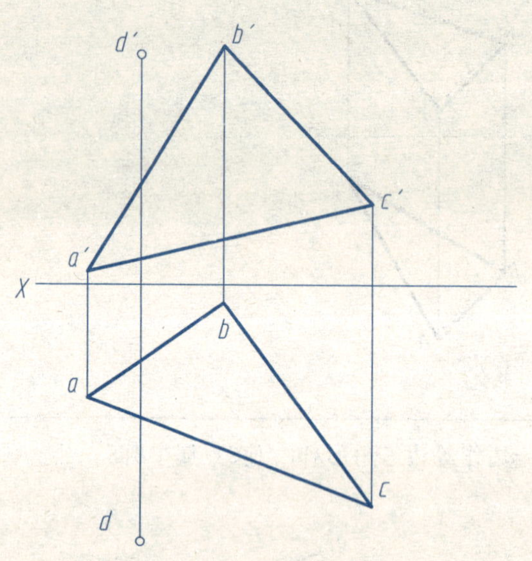

3-2 换面法

(1) 求六棱柱切割面ABCDEF的实形。

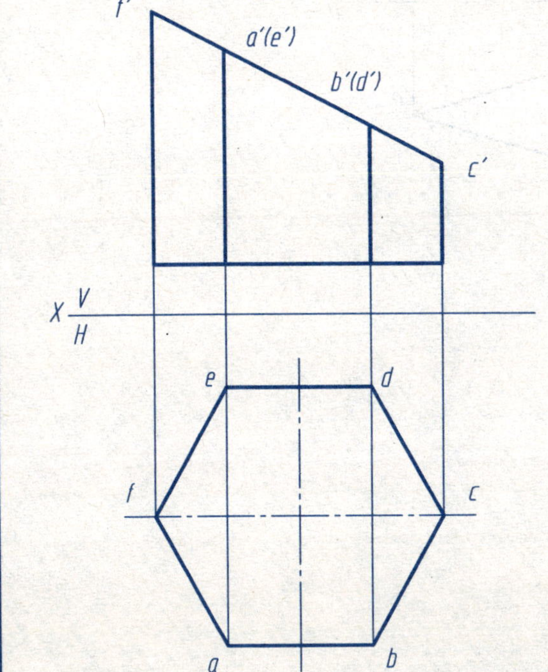

(2) 用换面法求直线EF与平面△ABC的交点，并判别可见性。

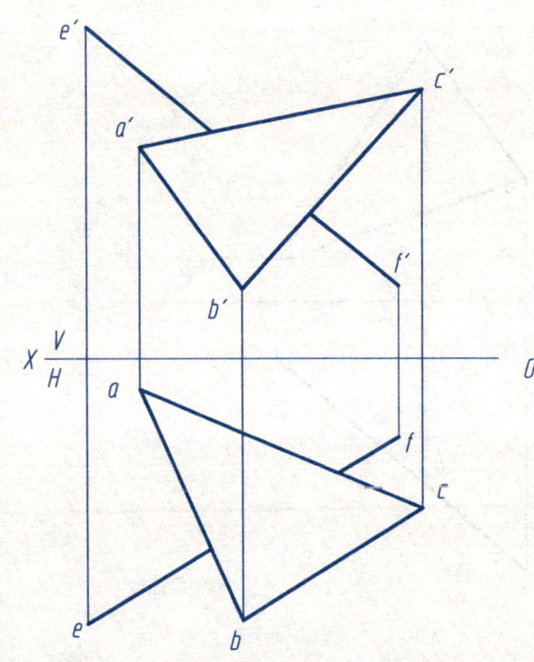

3-3 换面法

(1) 用换面法求△ABC的实形。

(2) 求相交两直线AB和AC的夹角。

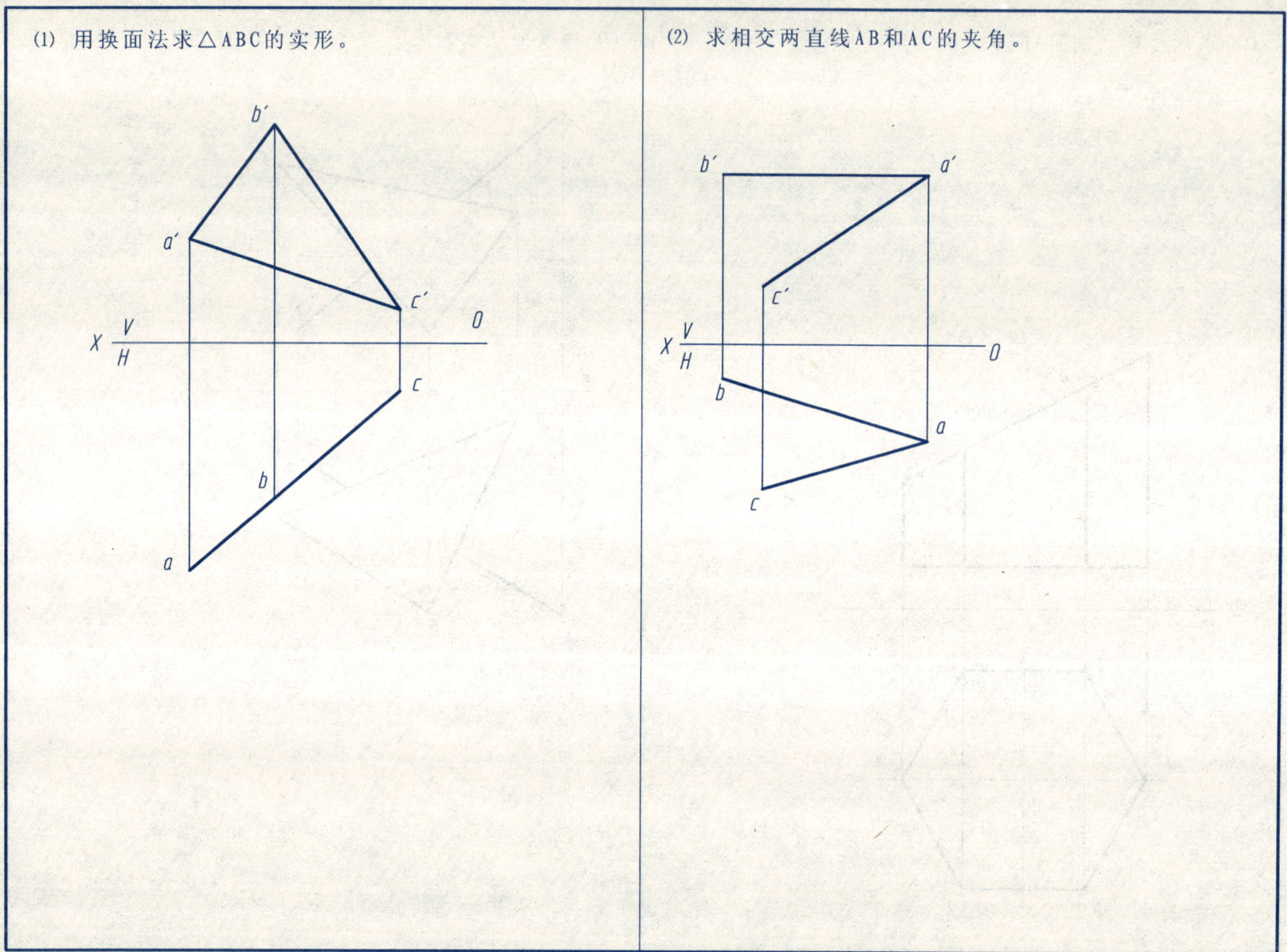

 班级 姓名 学号

(1) 已知BD为△ABC中的水平线，△ABC对H面的倾角为30°，作出△ABC的水平投影。

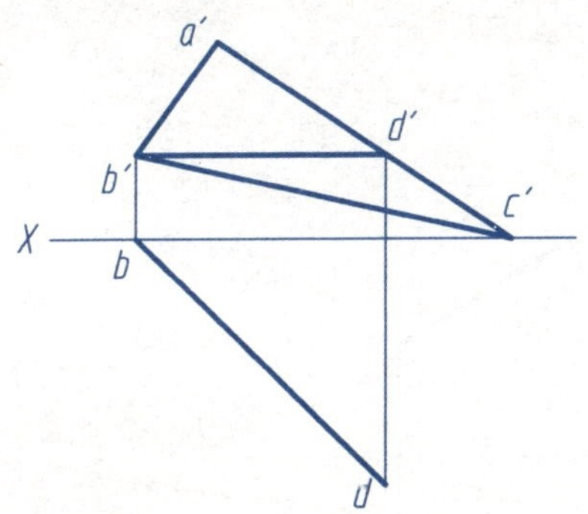

(2) 作出C点到直线AB的垂线，与AB相交于D点。

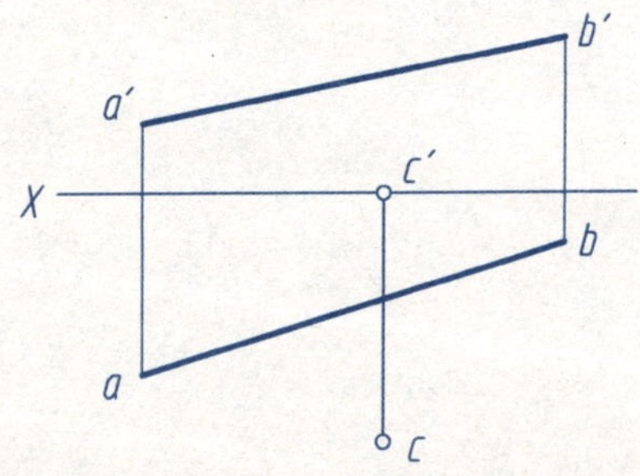

(3) 已知直线AM及△ABC的两个投影，在AM上求一点K，使点K到△ABC的距离为24mm 。

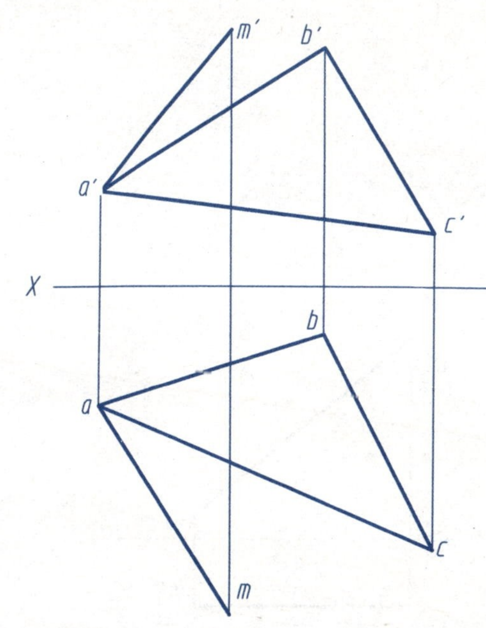

3-5 换面法

(1) 正平线AB是正方形ABCD的边，点C在B的前上方，正方形对V面的倾角β=45°，补全正方形的两面投影。

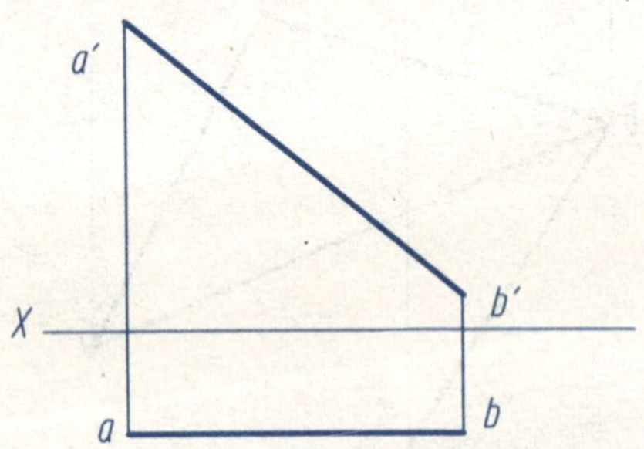

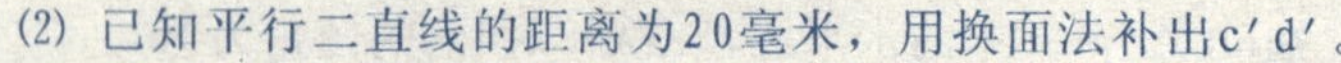

(2) 已知平行二直线的距离为20毫米，用换面法补出c′d′。

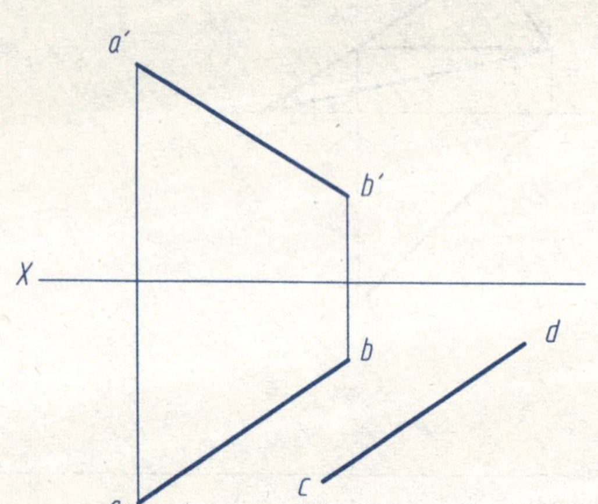

 班级　　　　姓名　　　　学号

3-6 换面法

(1) 已知A点及直线KM，正方形ABCD的边BC在直线KM上，作出此正方形的投影。

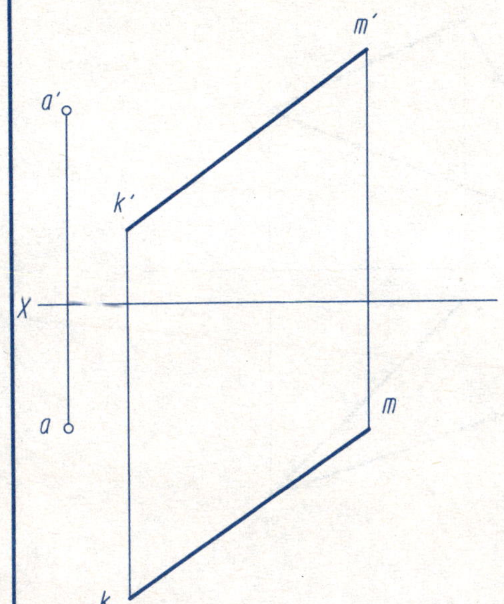

(2) 用换面法求相交两平面△ABC和△BCD的夹角。

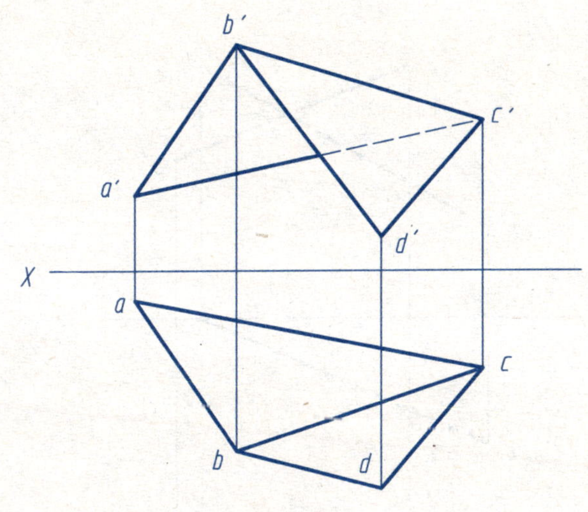

3-7 换面法

(1) 用换面法求异面直线AB、CD间的距离，并作出公垂线的各投影。

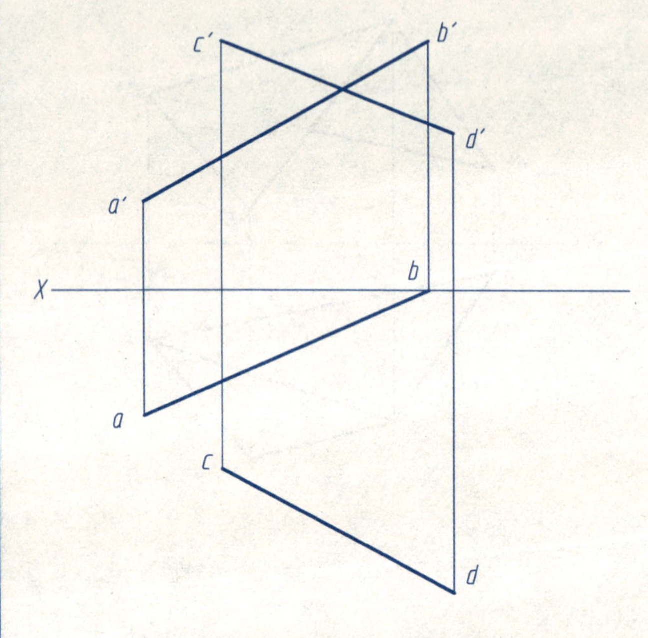

(2) 在△ABC的边BC上求一点D，使其到AB和AC的距离相等。

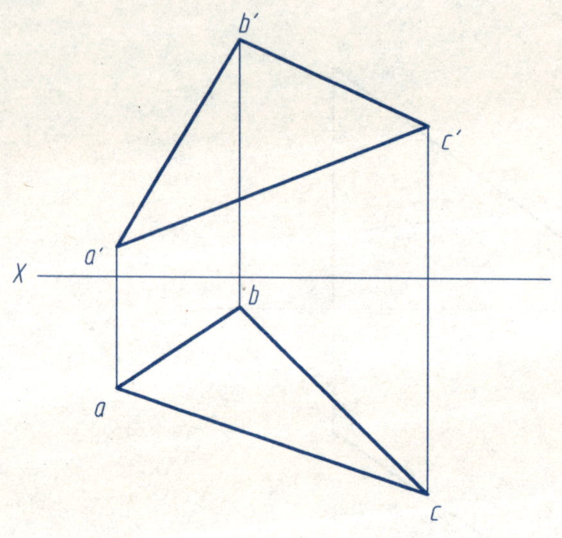

 班级 姓名 学号

3-8 旋转法

(1) 作出△ABC绕A点垂直于H面的轴顺时针旋转90° 后的投影。

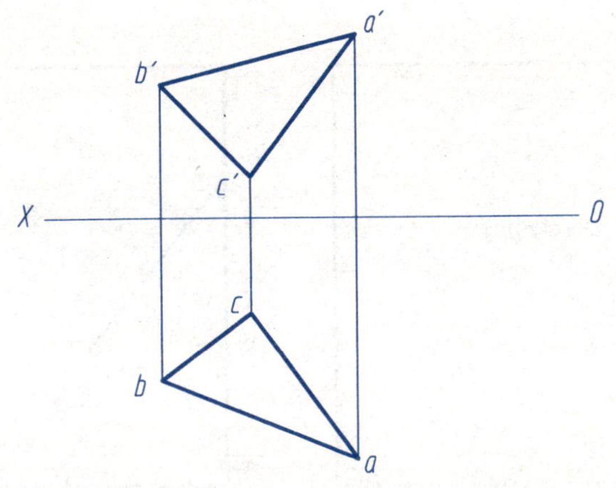

(2) 将M点绕OO轴旋转到P面上。

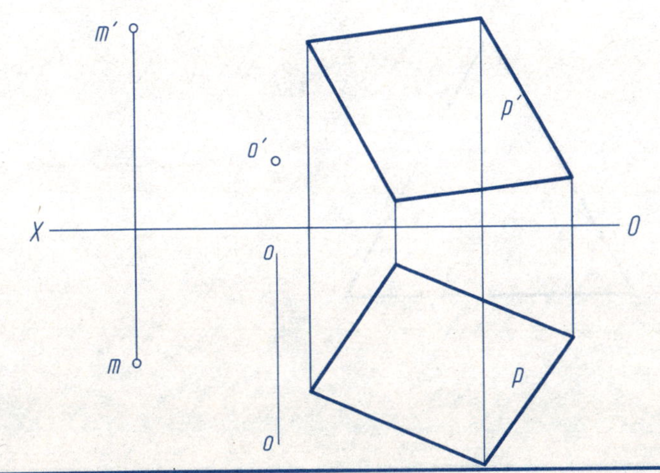

(3) 求K点到△ABC的距离及垂足的投影。

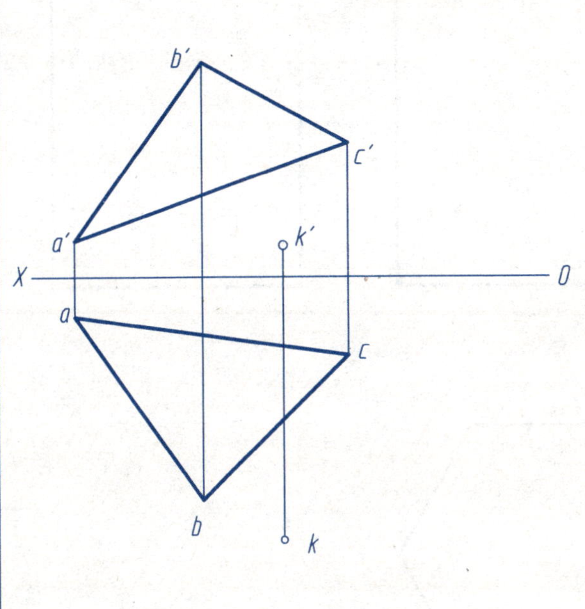

4-1 立体的投影

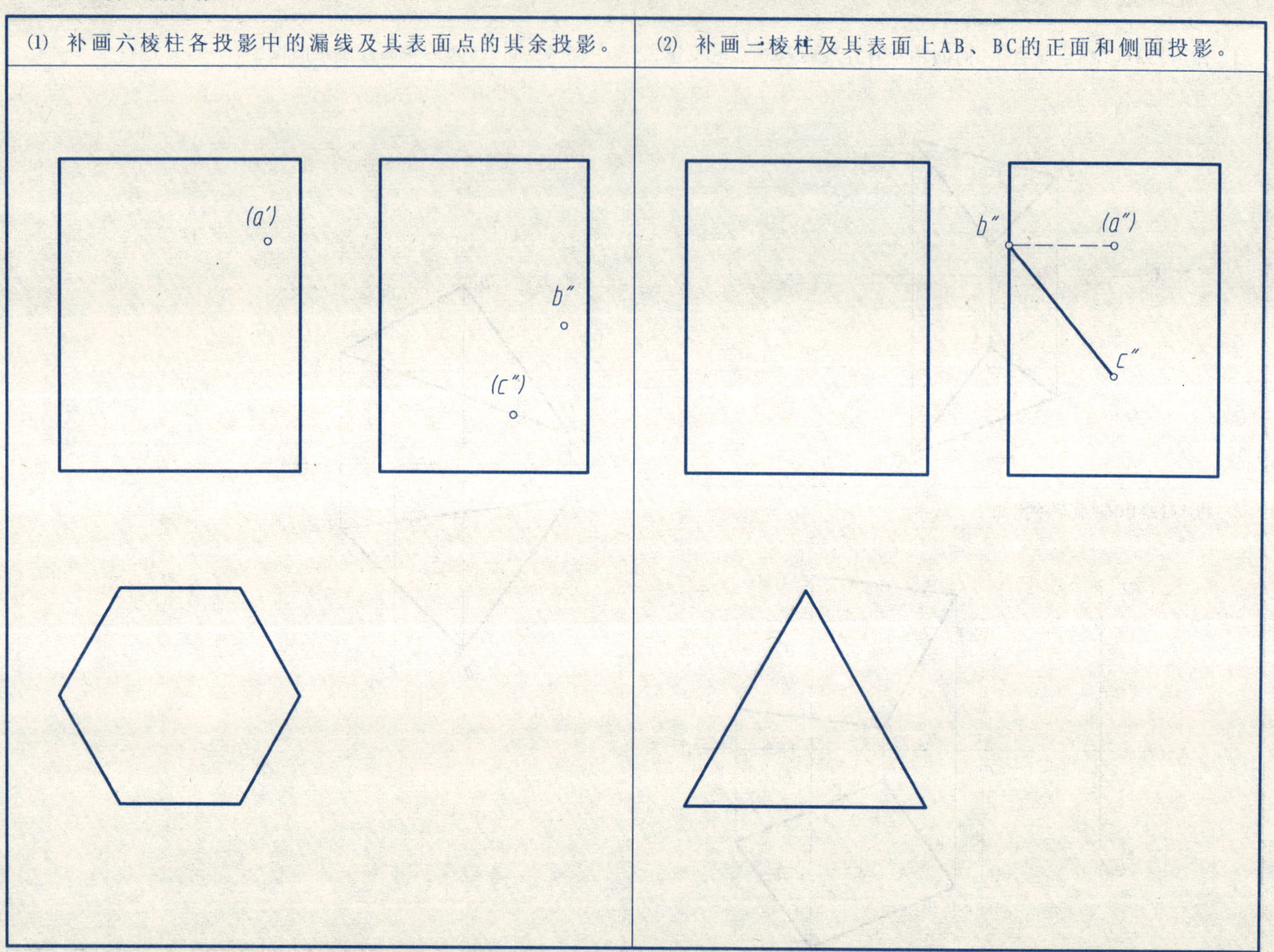

 班级 姓名 学号

4-2 立体的投影

(1) 作出三棱锥的水平投影及其表面点的其余投影。

(2) 作出四棱锥的侧面投影及其表面直线的其余投影。

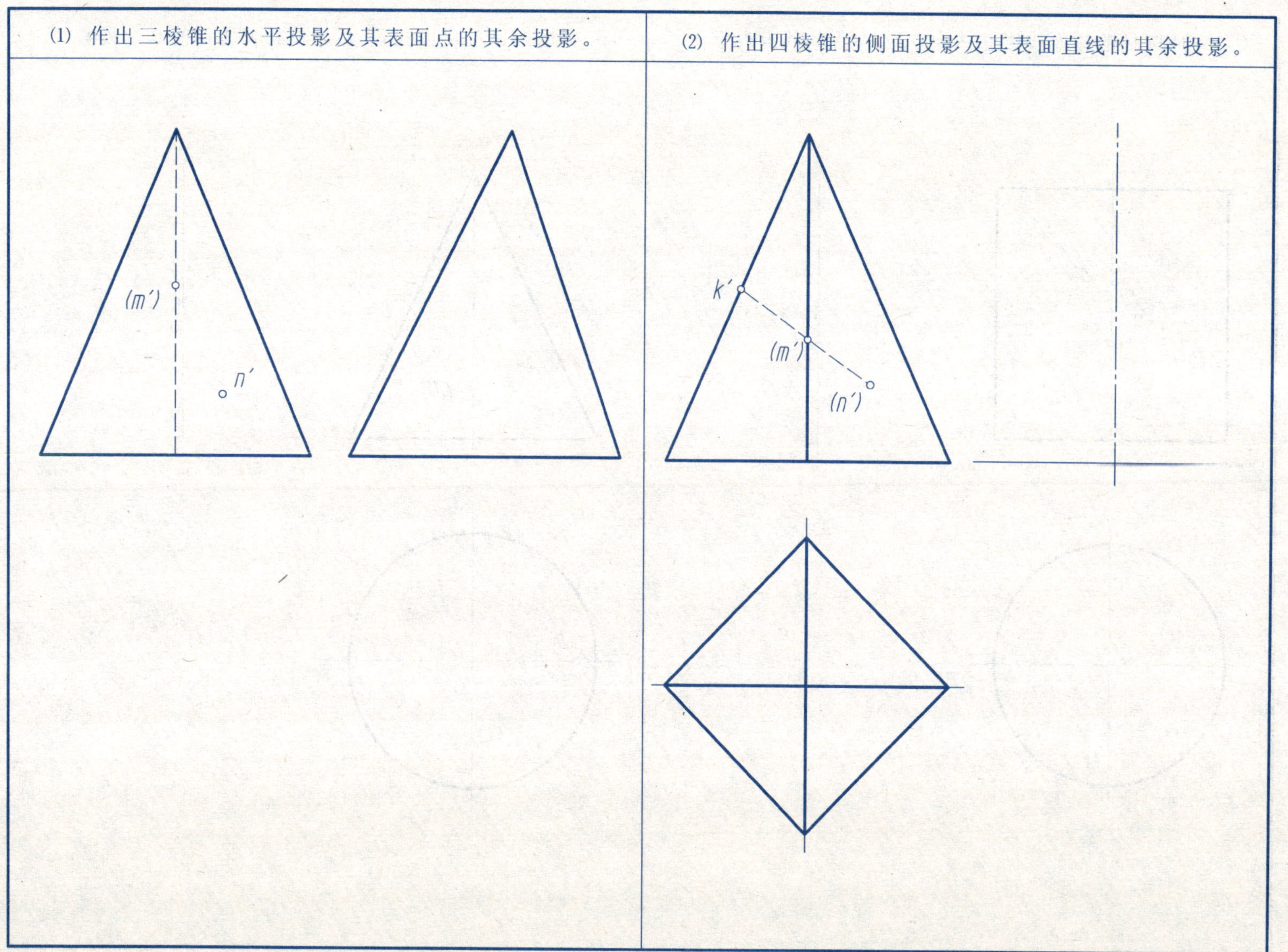

4-3 立体的投影

(1) 完成圆柱的侧面投影,并补画其表面点的其余投影。
a′
(c′)
(b′)
(2) 完成圆锥的侧面投影,并补画其表面点的其余投影。
a′
(d′)
b
c

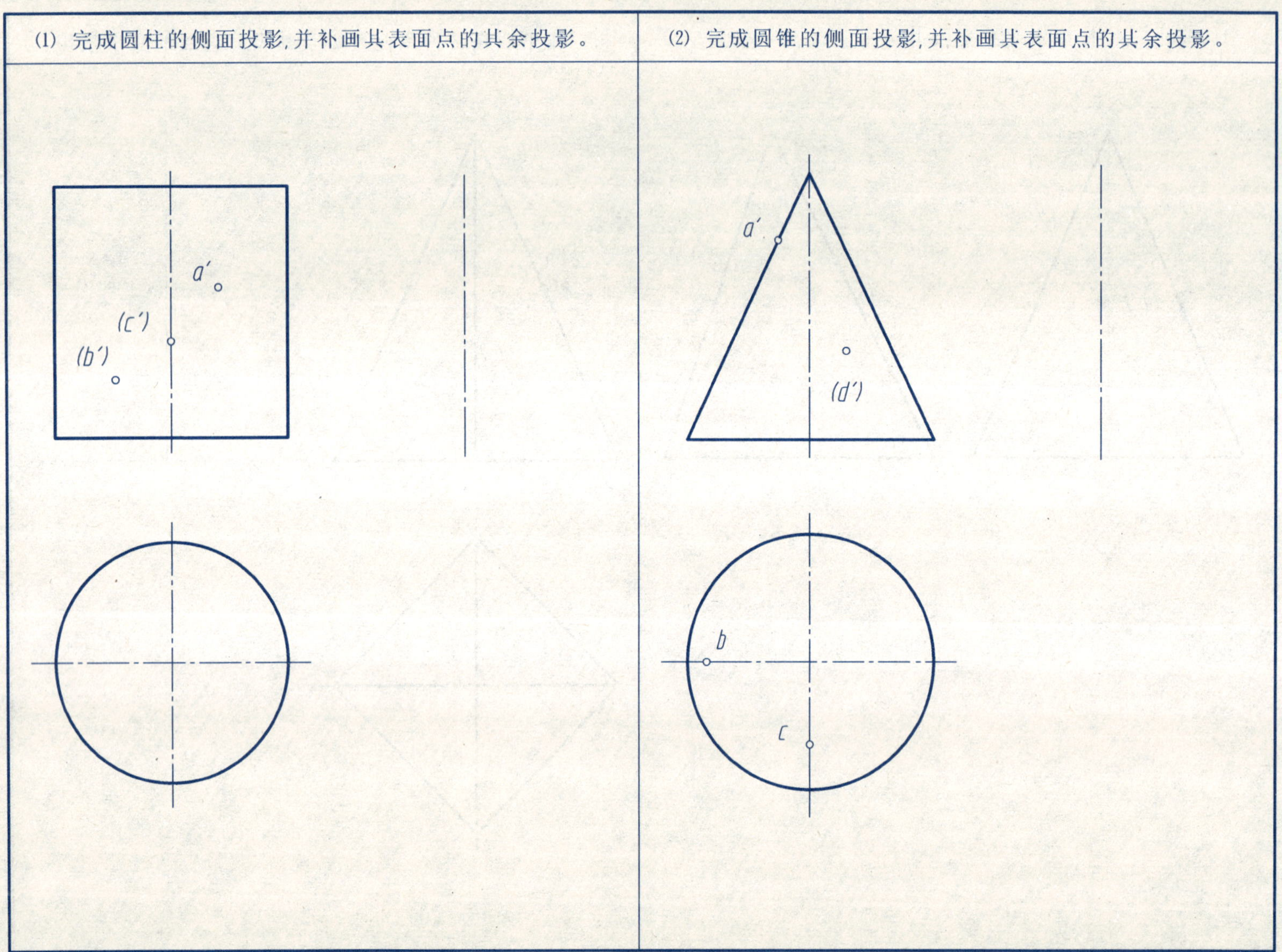

4-4 立体的投影

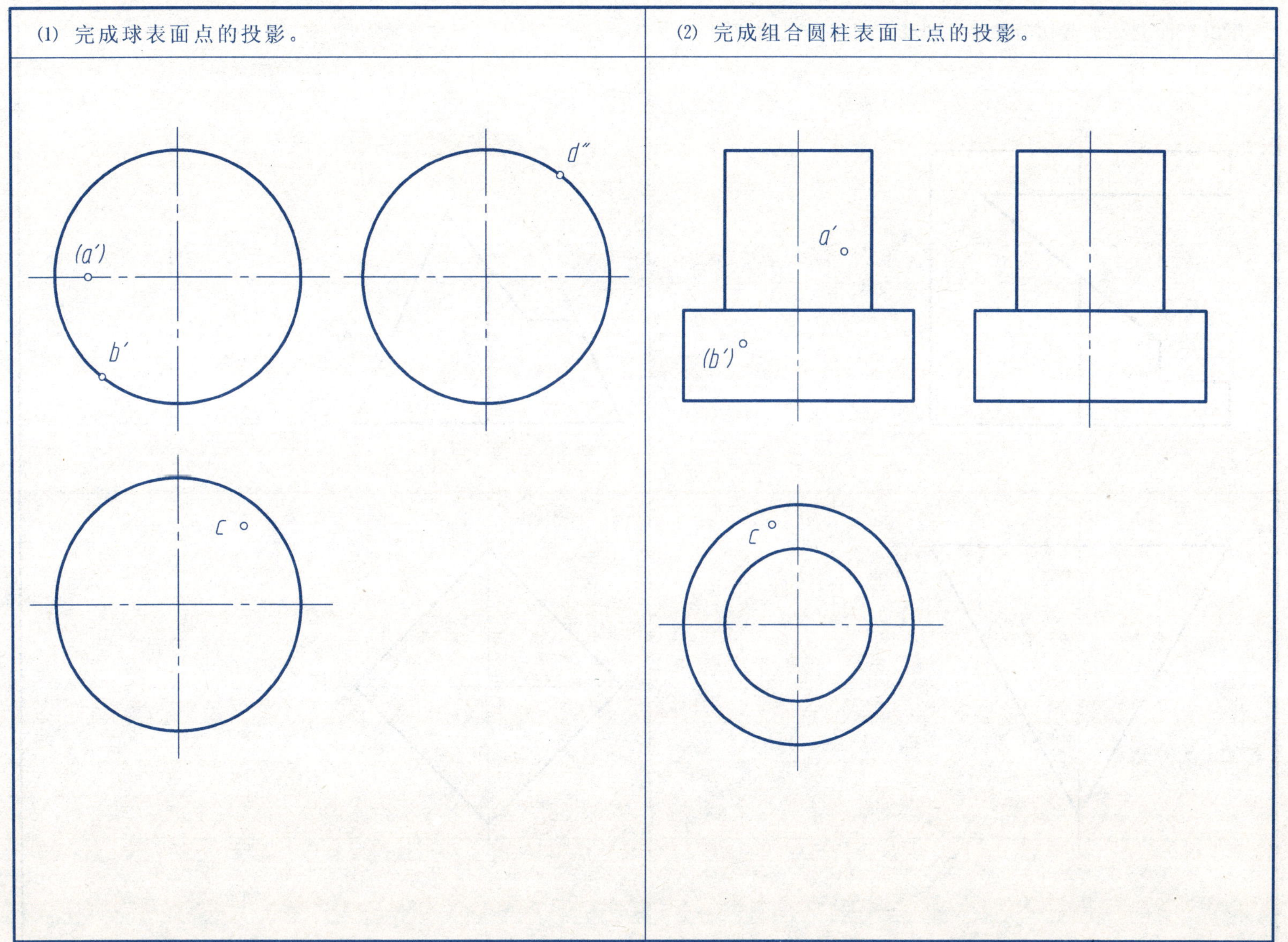

4-5 平面与立体相交

作出平面立体被截切后的侧面投影，并补全其水平投影。

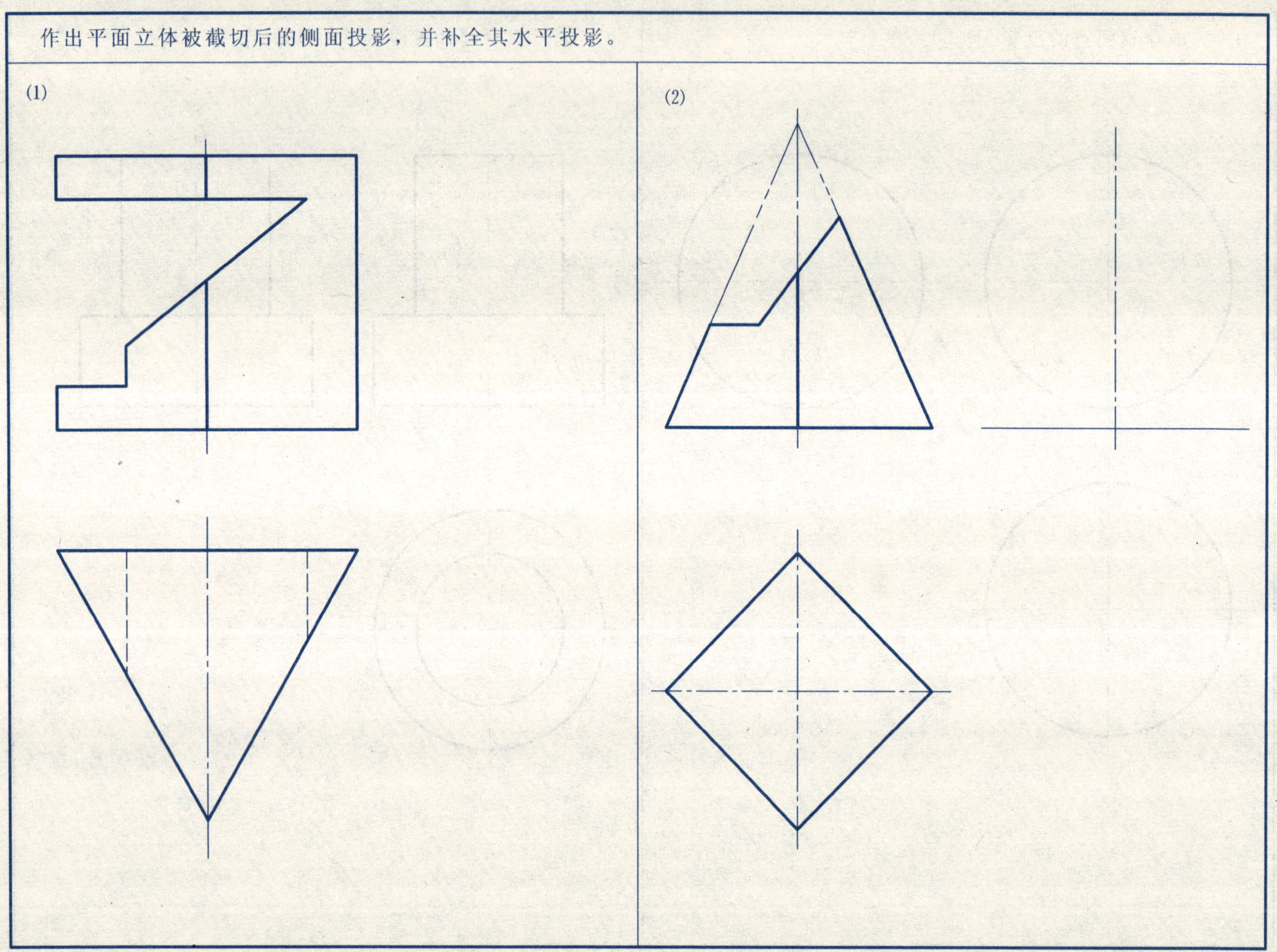

补画被切圆柱所缺的投影。

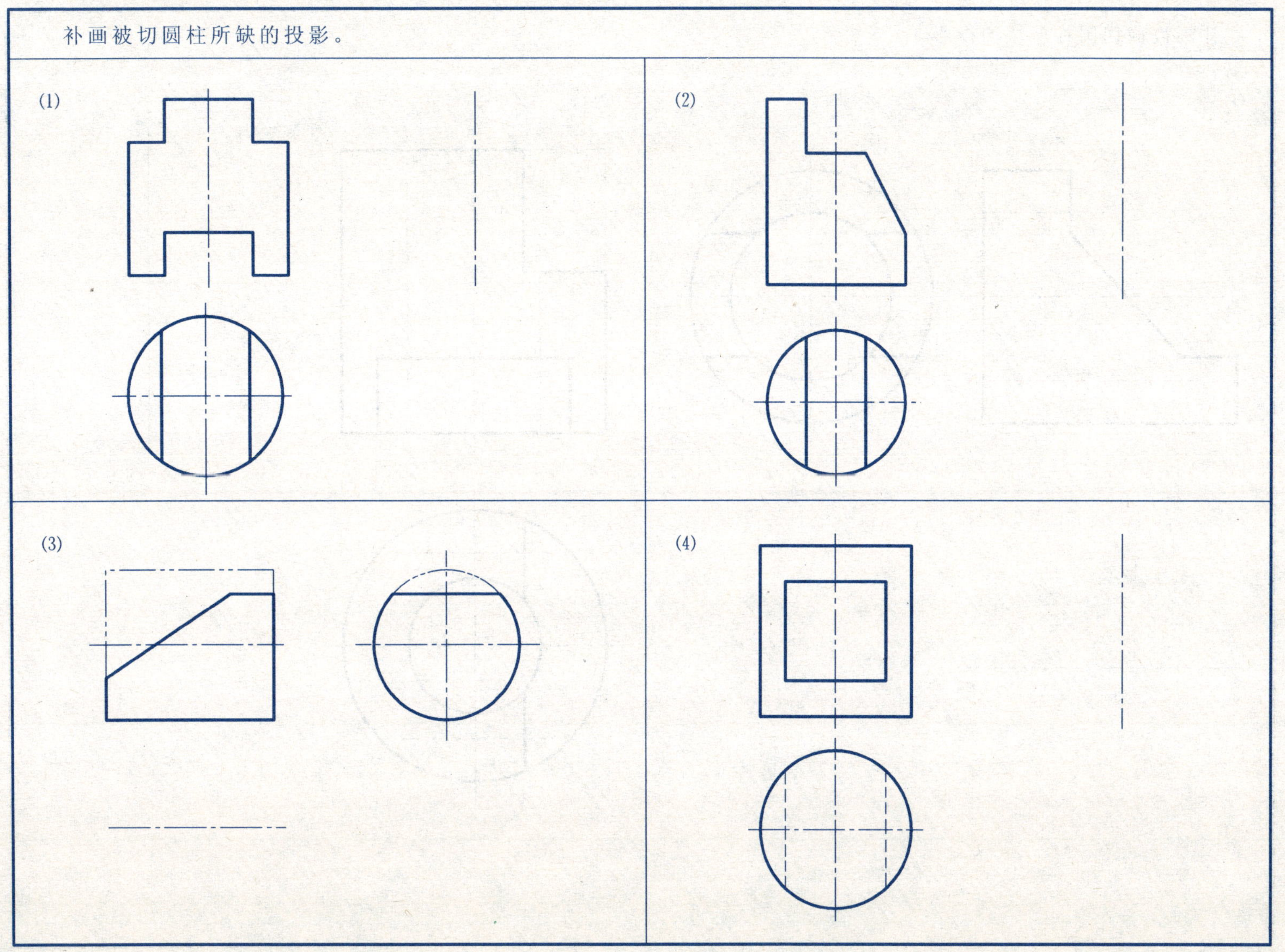

补画被截切圆柱所缺的投影。

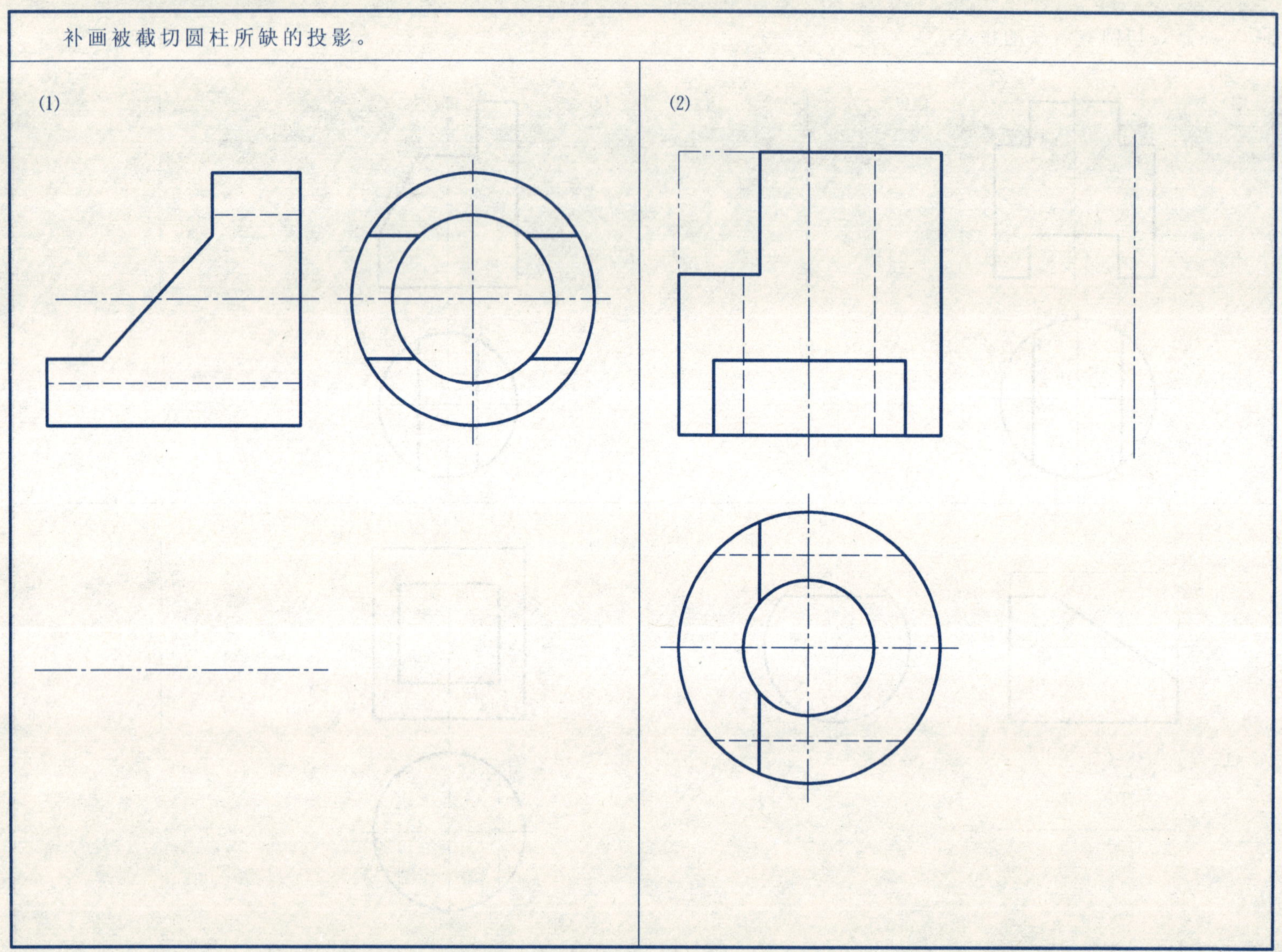

完成圆锥和半球被截切后的另外两个投影。

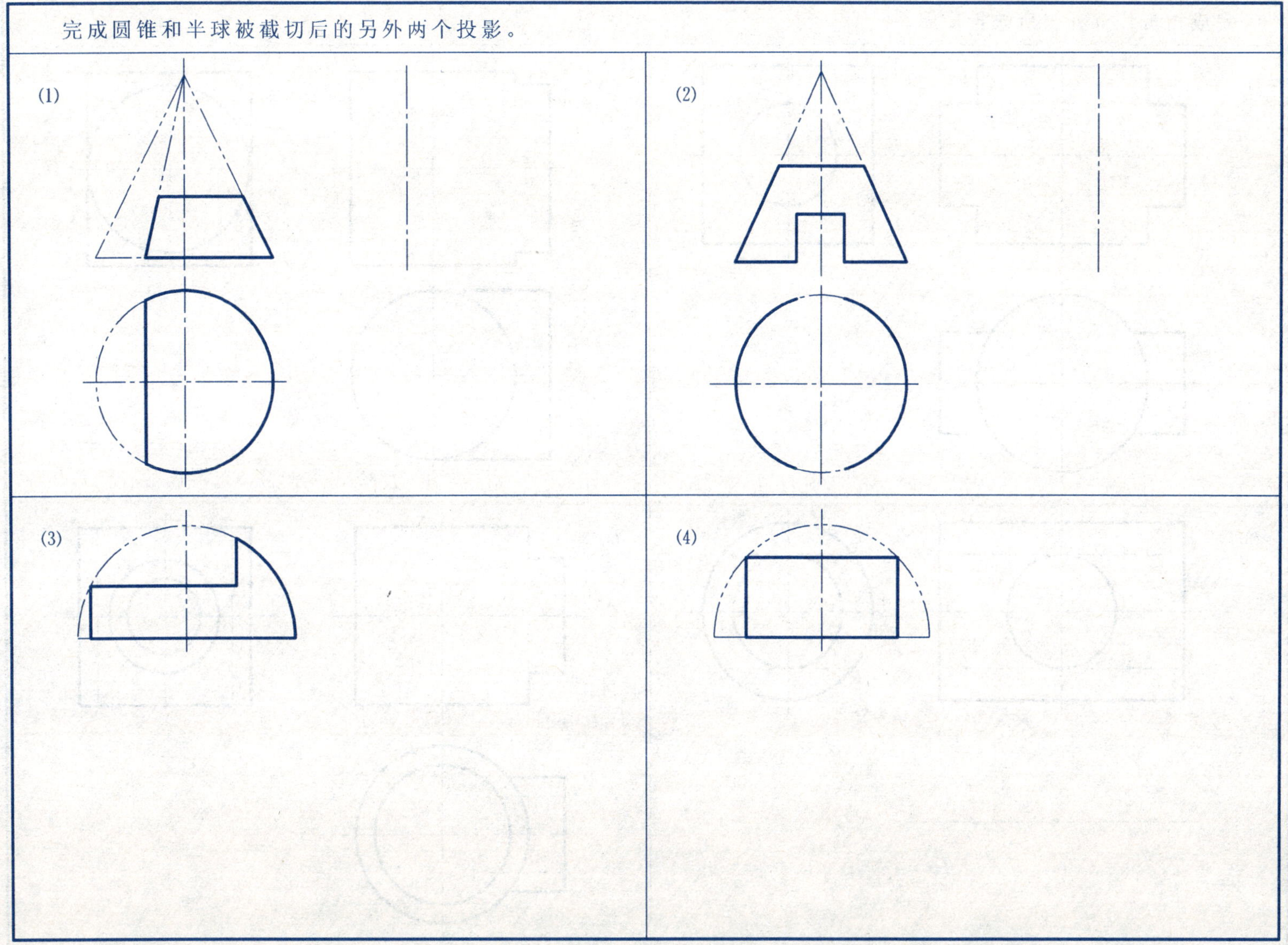

4-9 立体与立体相交

完成相贯线并补画所缺投影图。

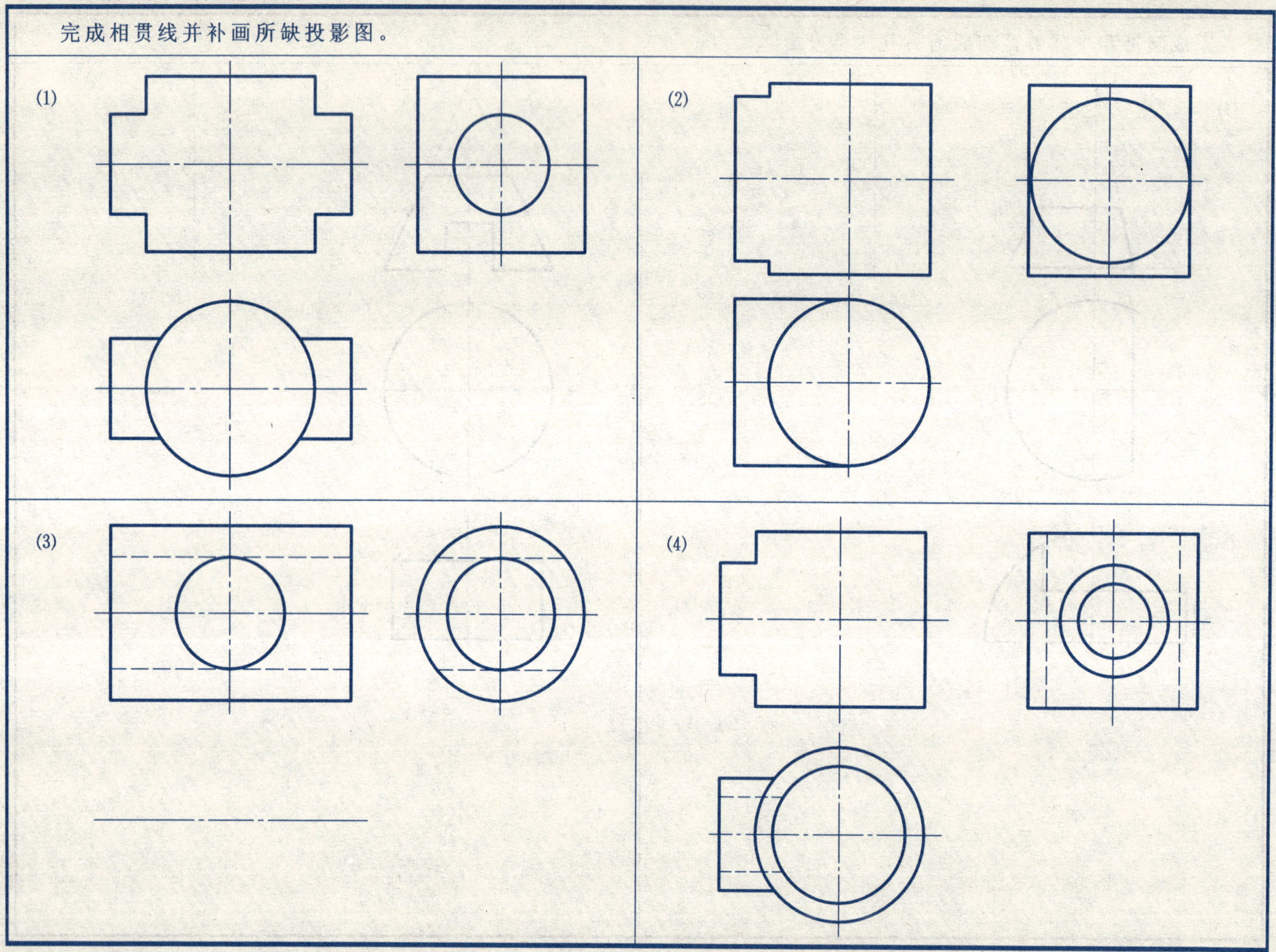

4-10 立体与立体相交

完成相贯线并补画所缺投影图。

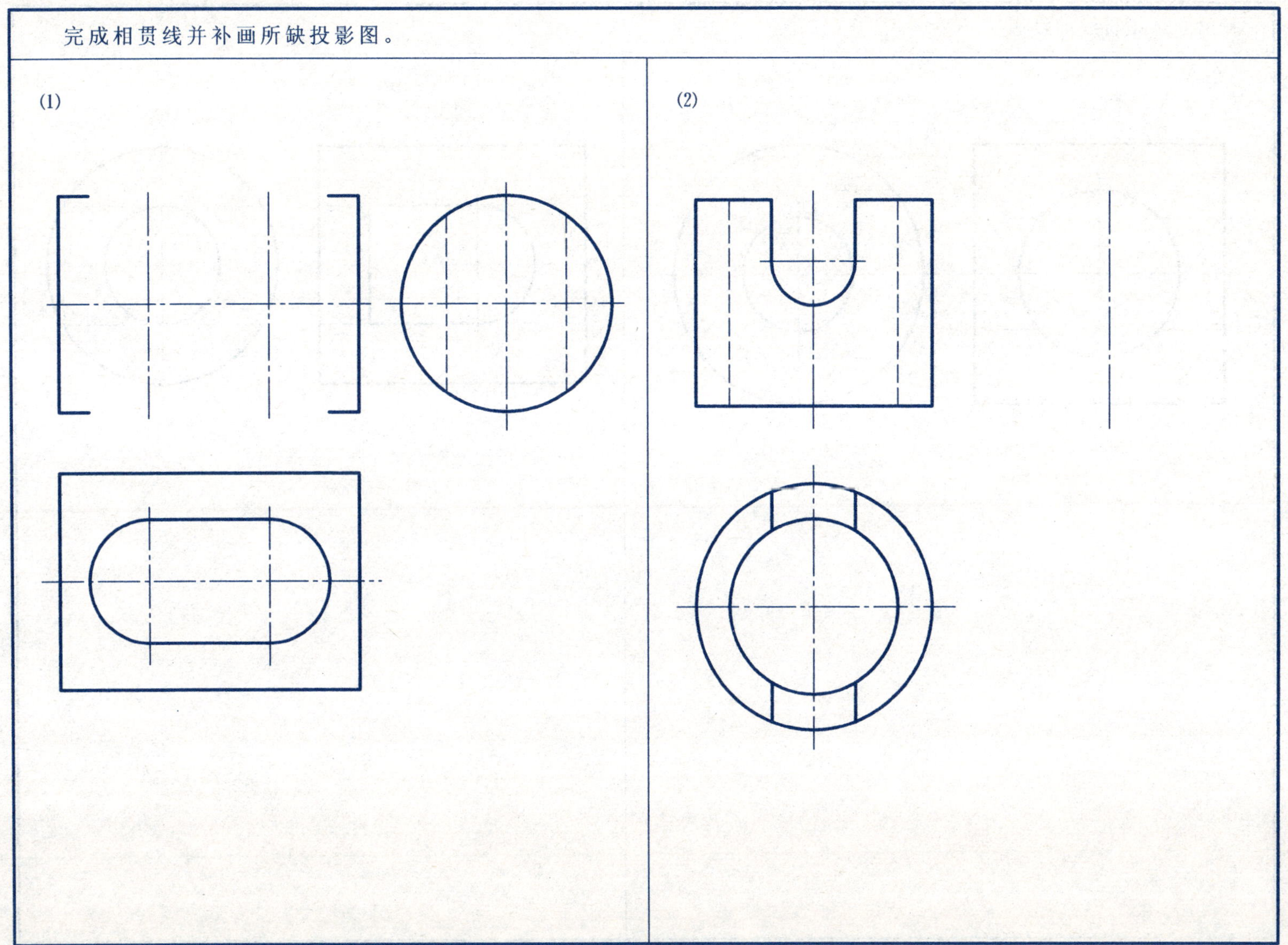

补出立体相贯线的投影

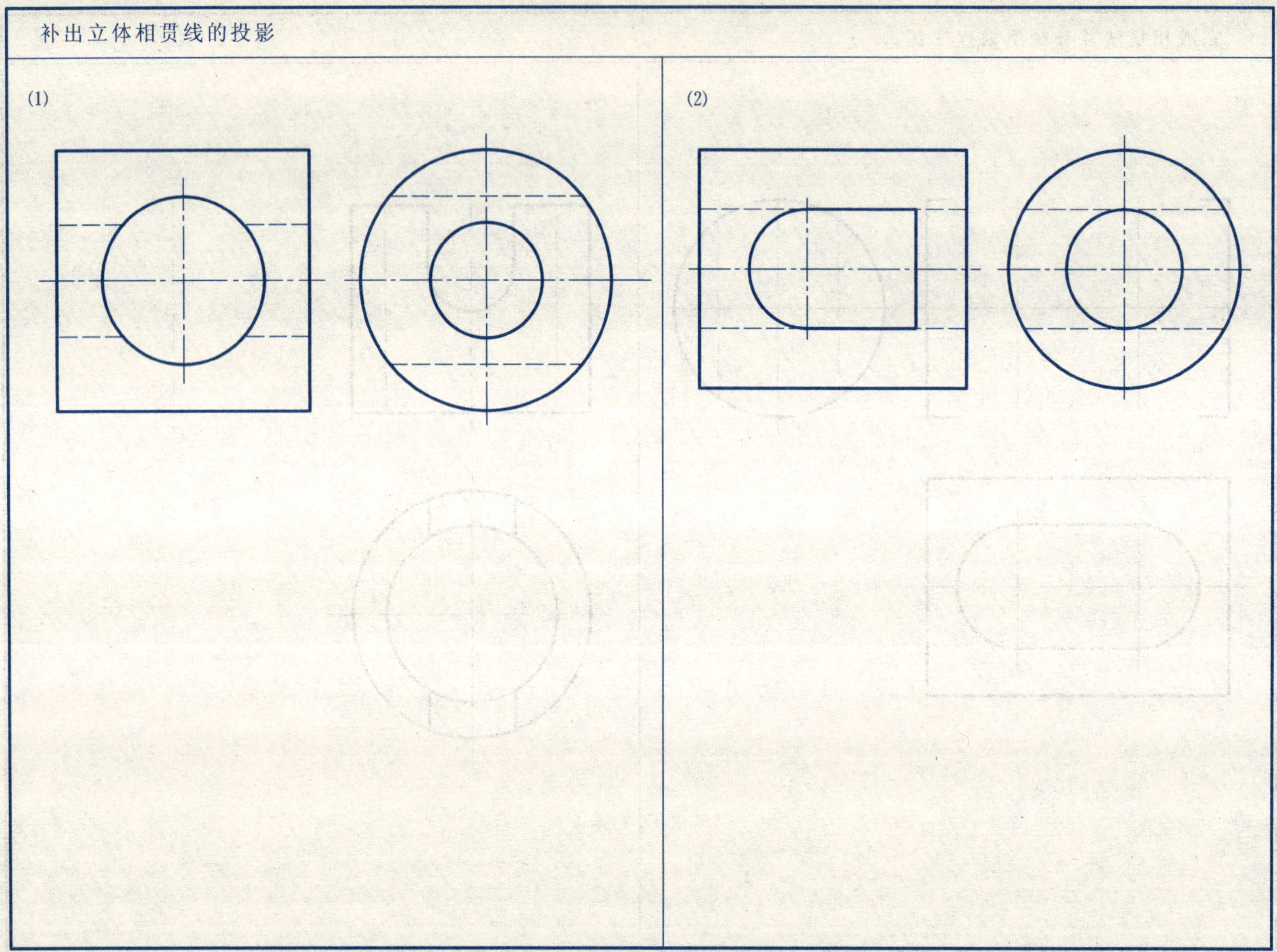

4-12 立体与立体相交

完成曲面立体相贯线的投影。

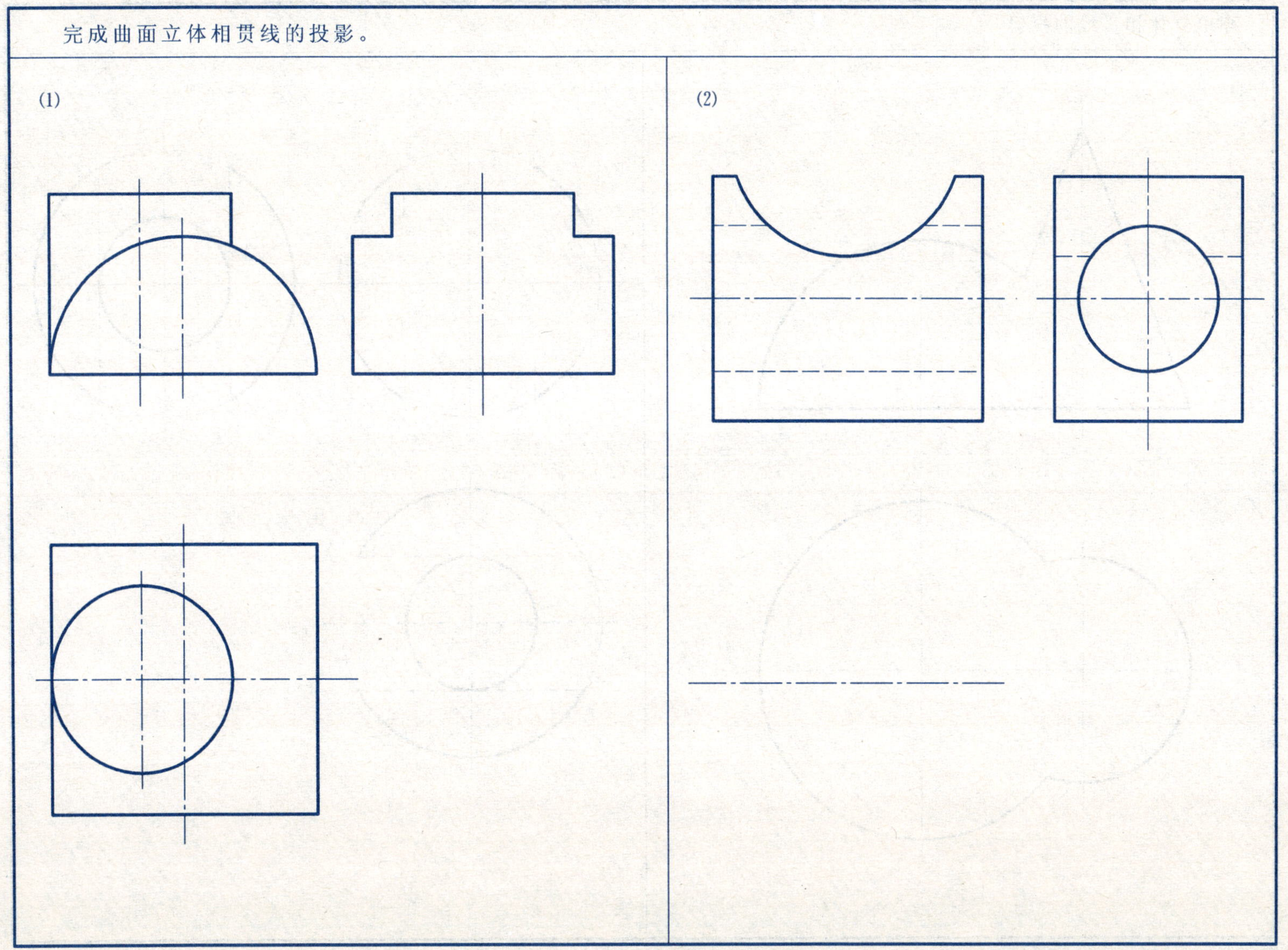

补出立体相贯线的投影

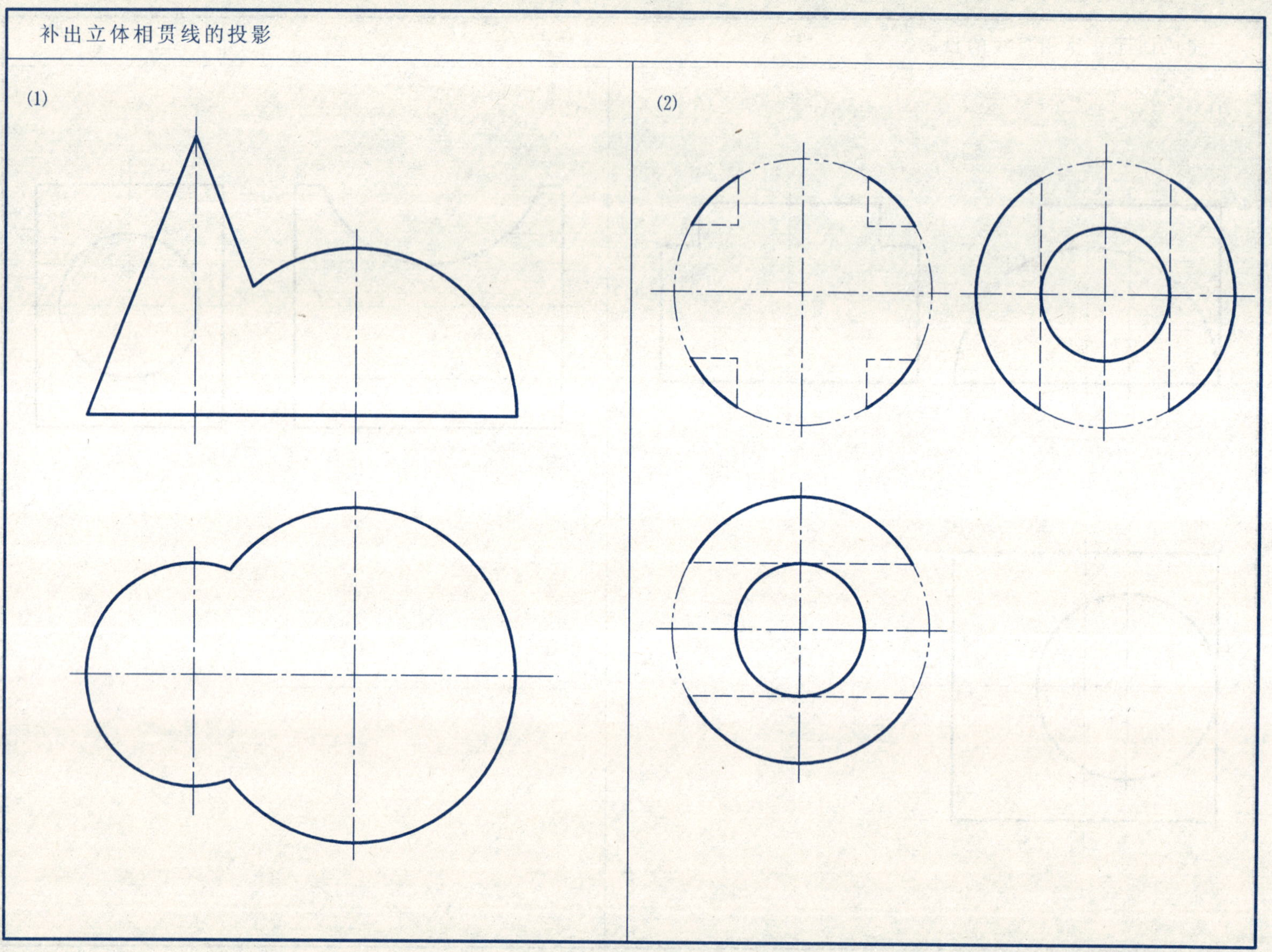

完成相贯线的投影。

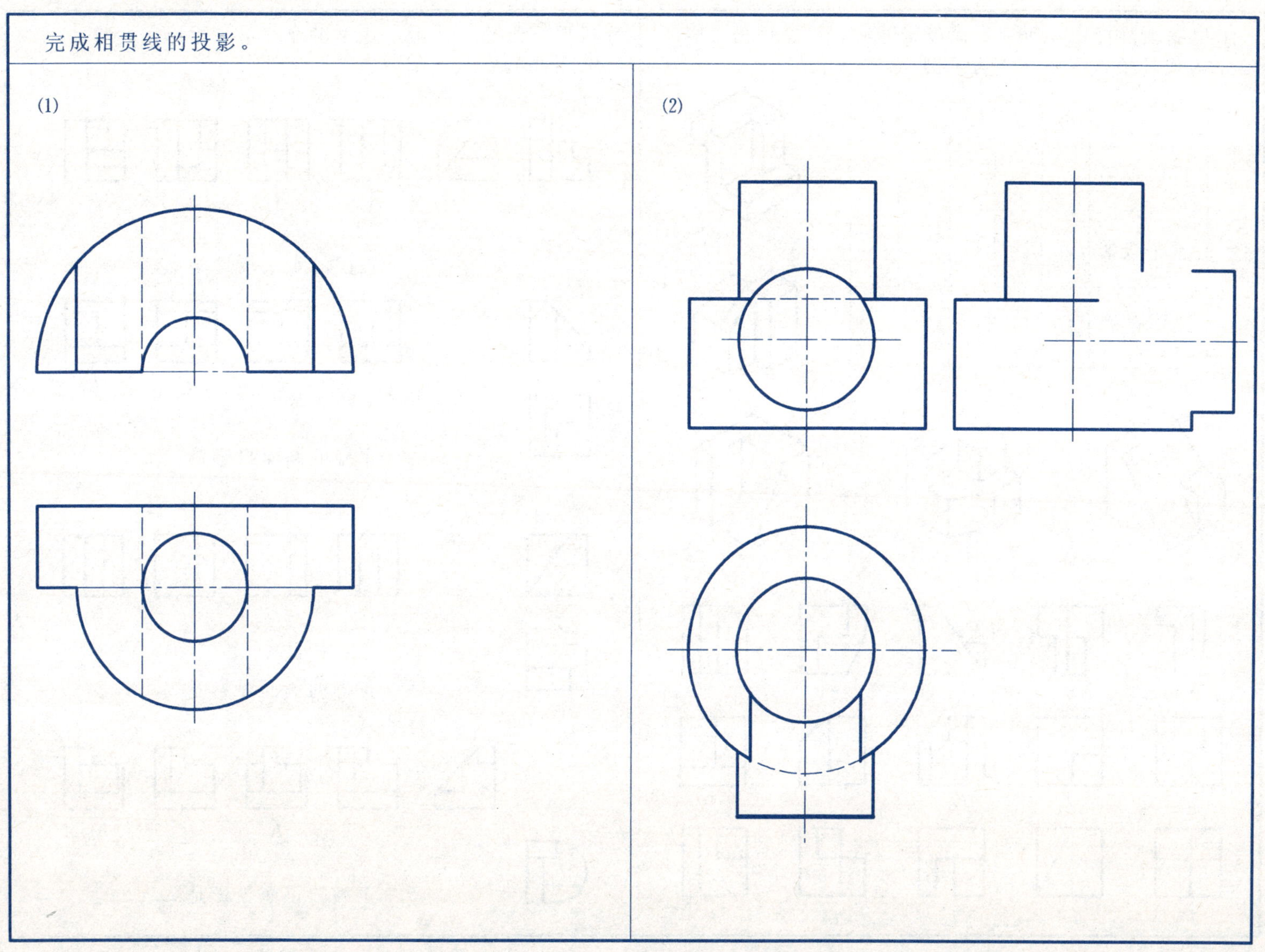

5-1 **看图练习**

(1) 根据轴测投影及所示正面投影方向，将立体投影图的代号填入表中（A为示例）。

	A	B	C	D	E
正面投影	1				
水平投影	6				
侧面投影	10				

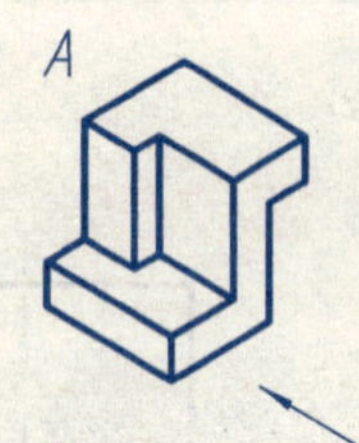
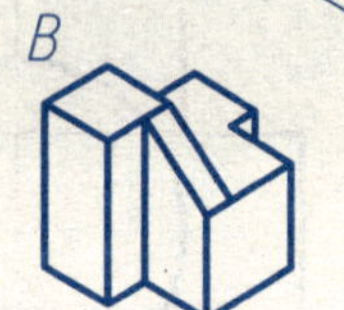

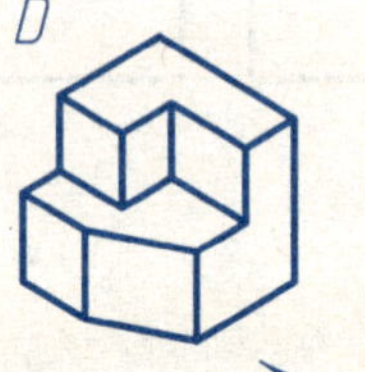
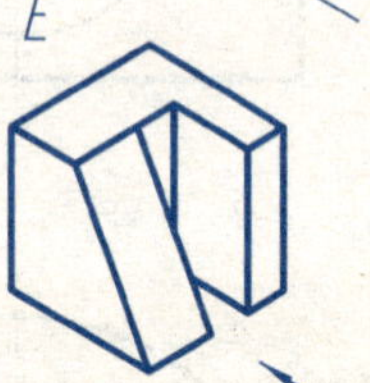
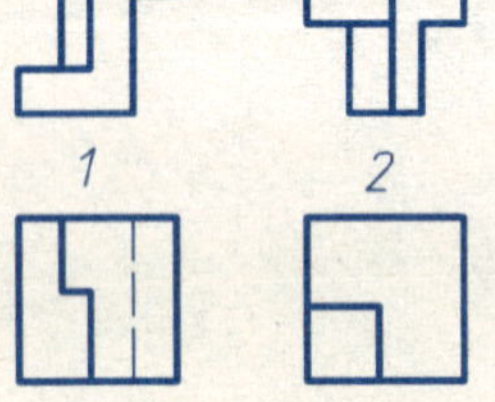

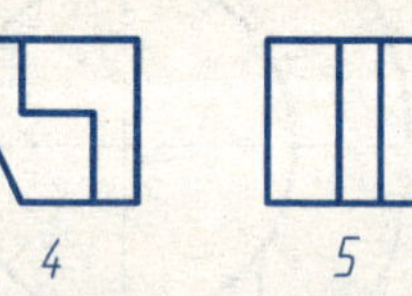
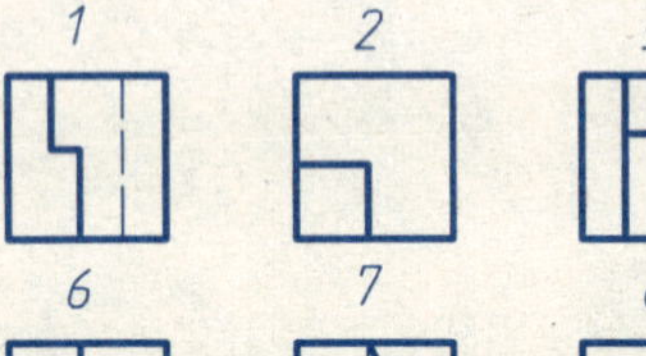
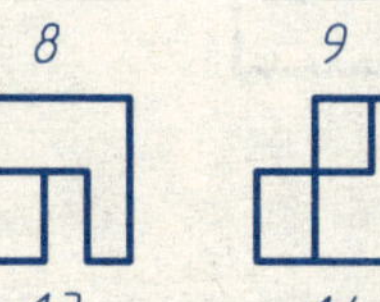
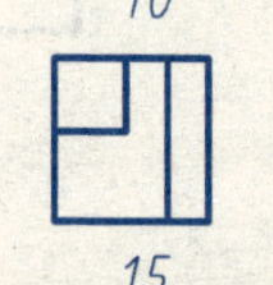

(2) 根据已给的两视图，找出正确的第三投影，并将其代号填写在_____上。

①

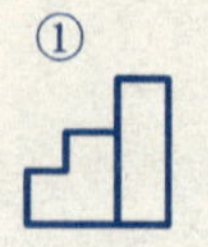

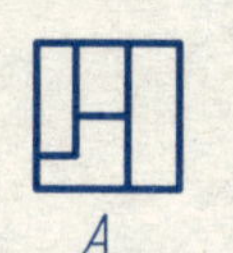

正确的水平投影是_____

②

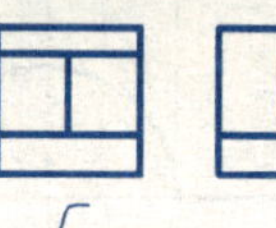

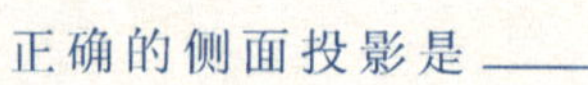

正确的侧面投影是_____

③

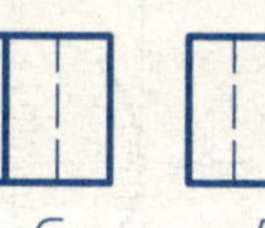

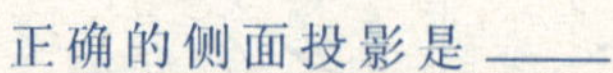

正确的侧面投影是_____

④

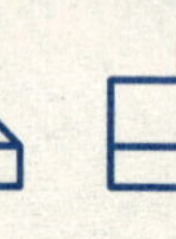
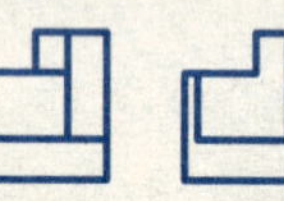

正确的正面投影是_____

由轴测图画三视图。

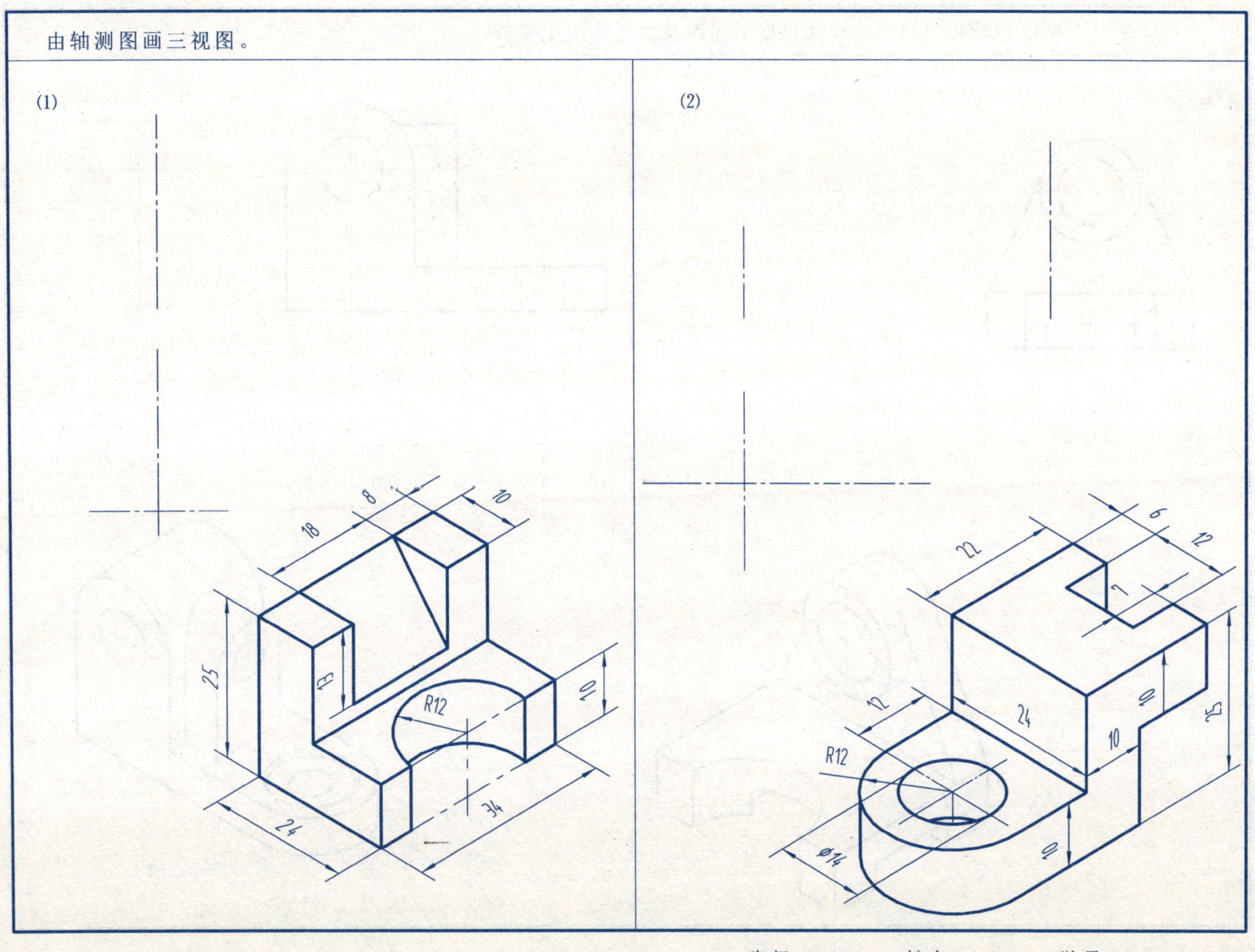

5-3 画图练习

由立体图和主视图补画其他视图，尺寸根据主视图及由立体图上量取。

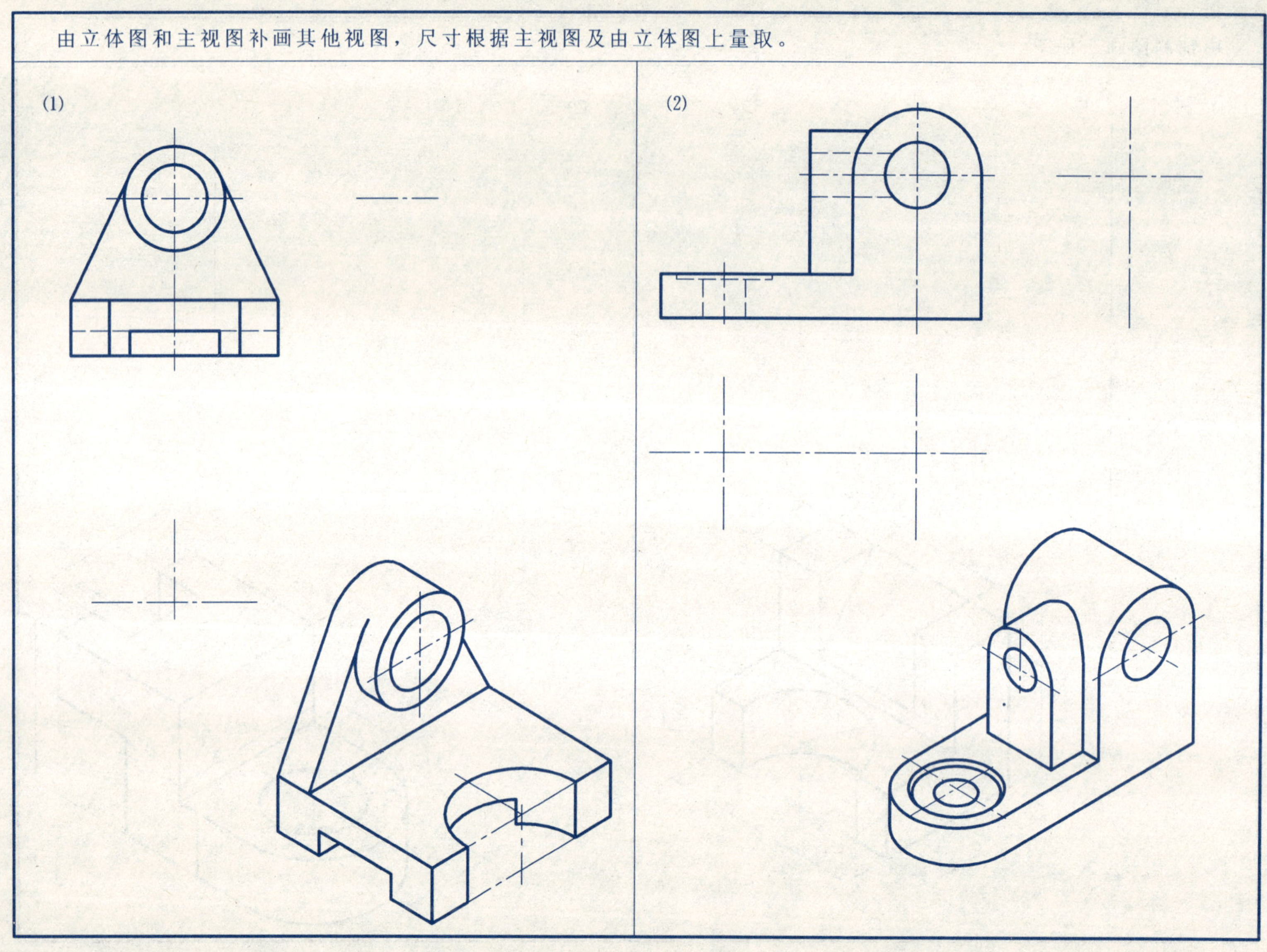

5-4 补线练习

对照立体图，补画三视图中缺少的图线。

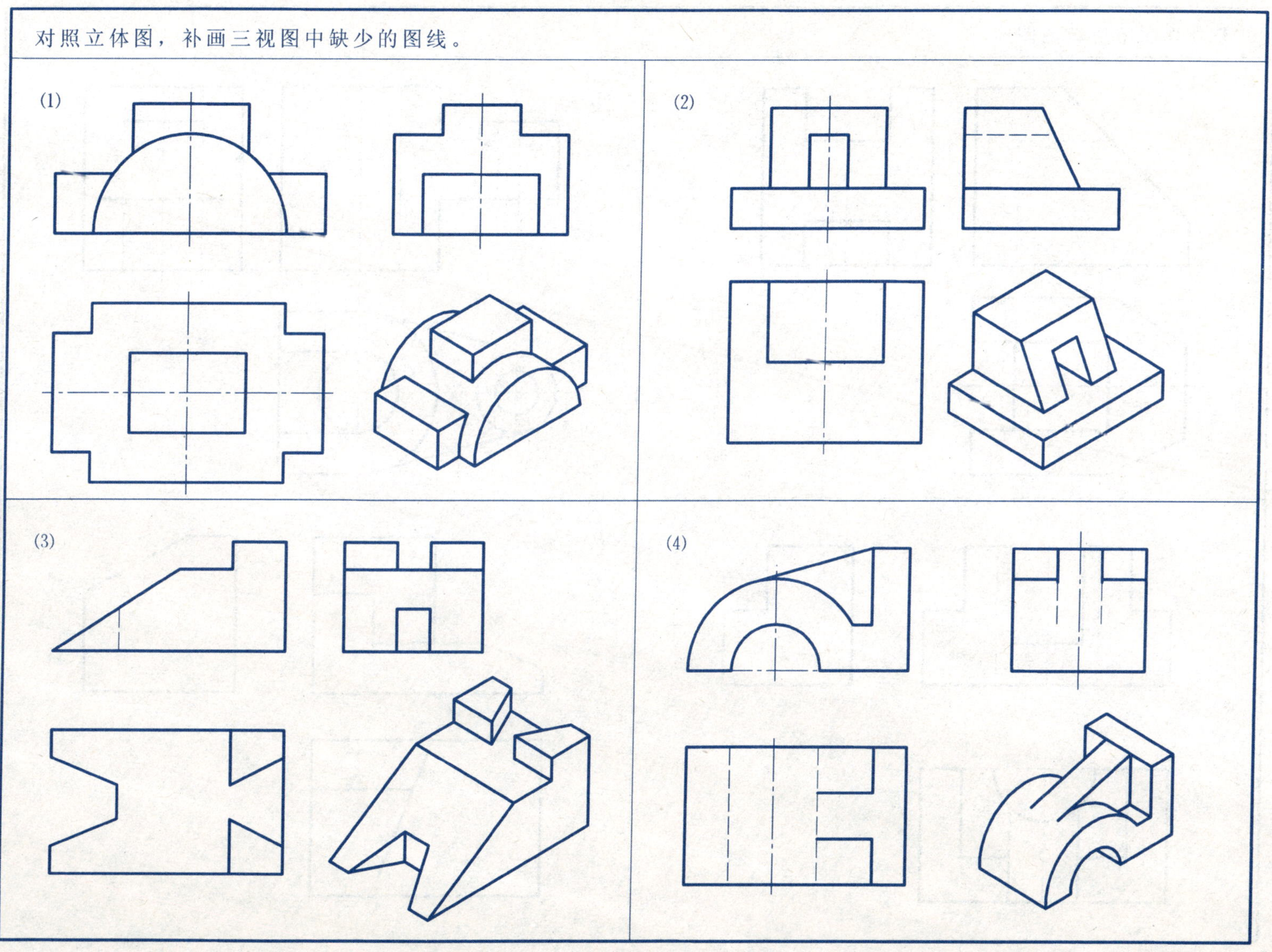

补画视图中所缺的图线。

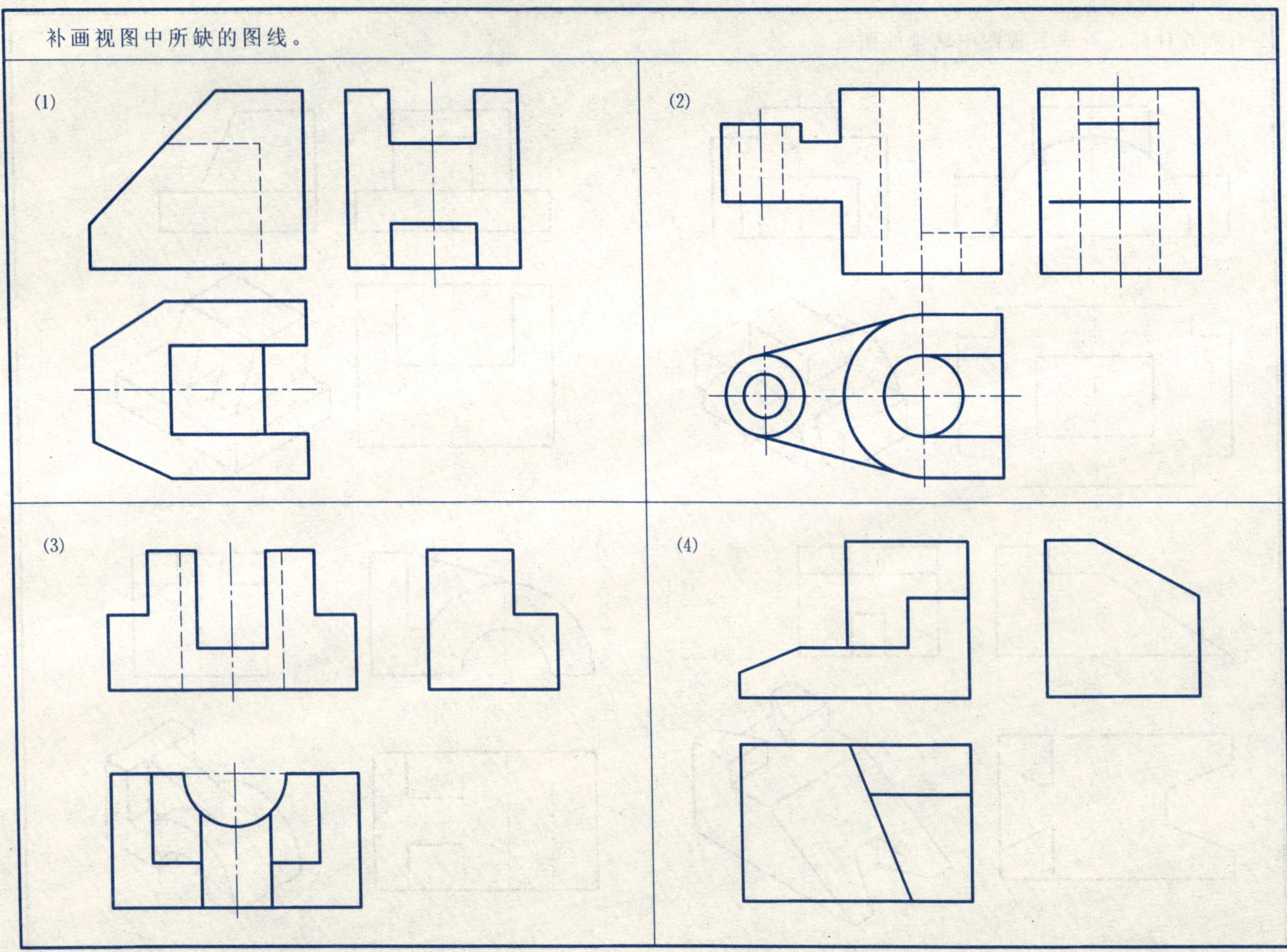

根据两视图，补画第三视图。

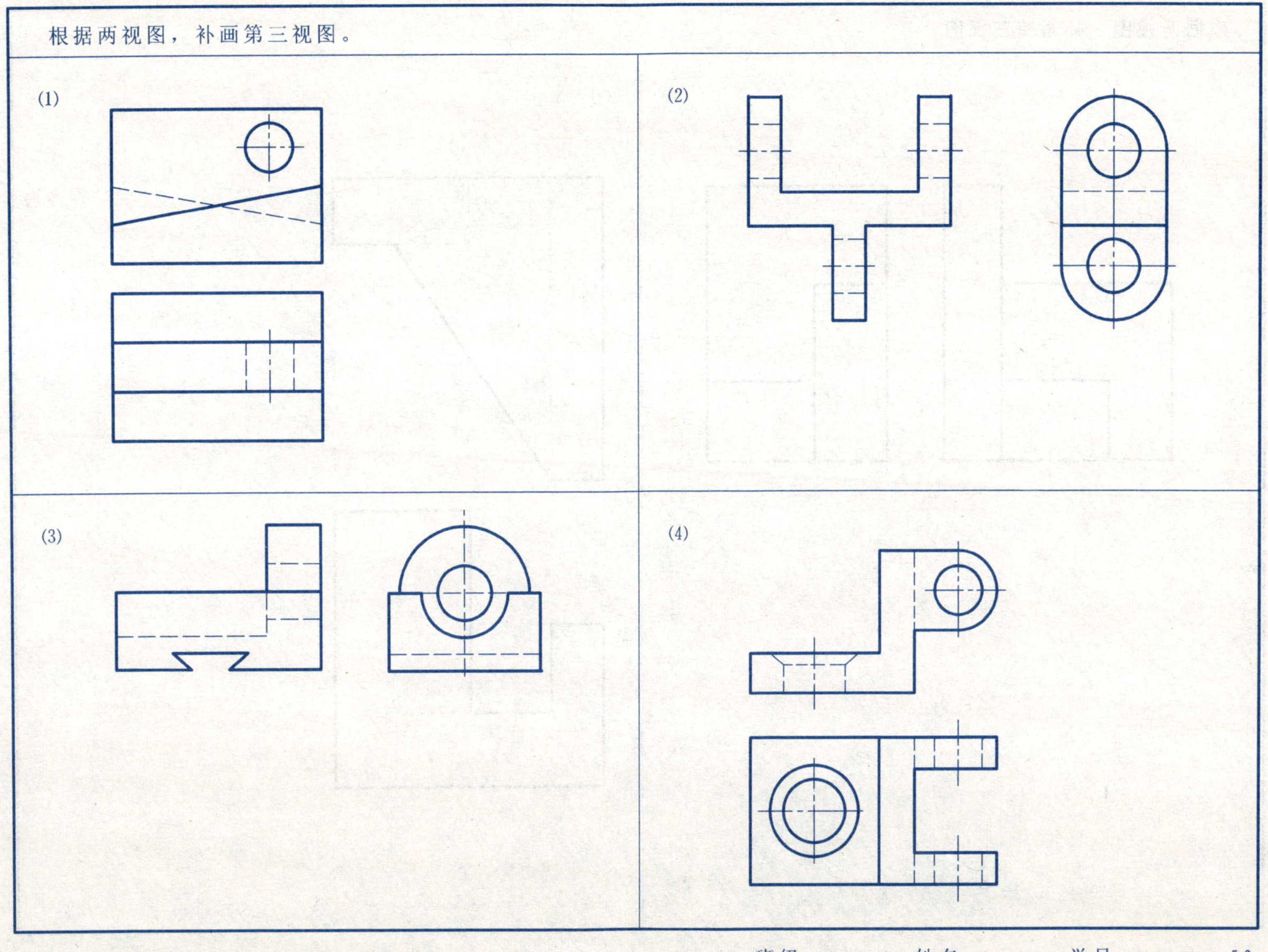

5-7 补画第三视图

根据两视图，补画第三视图。

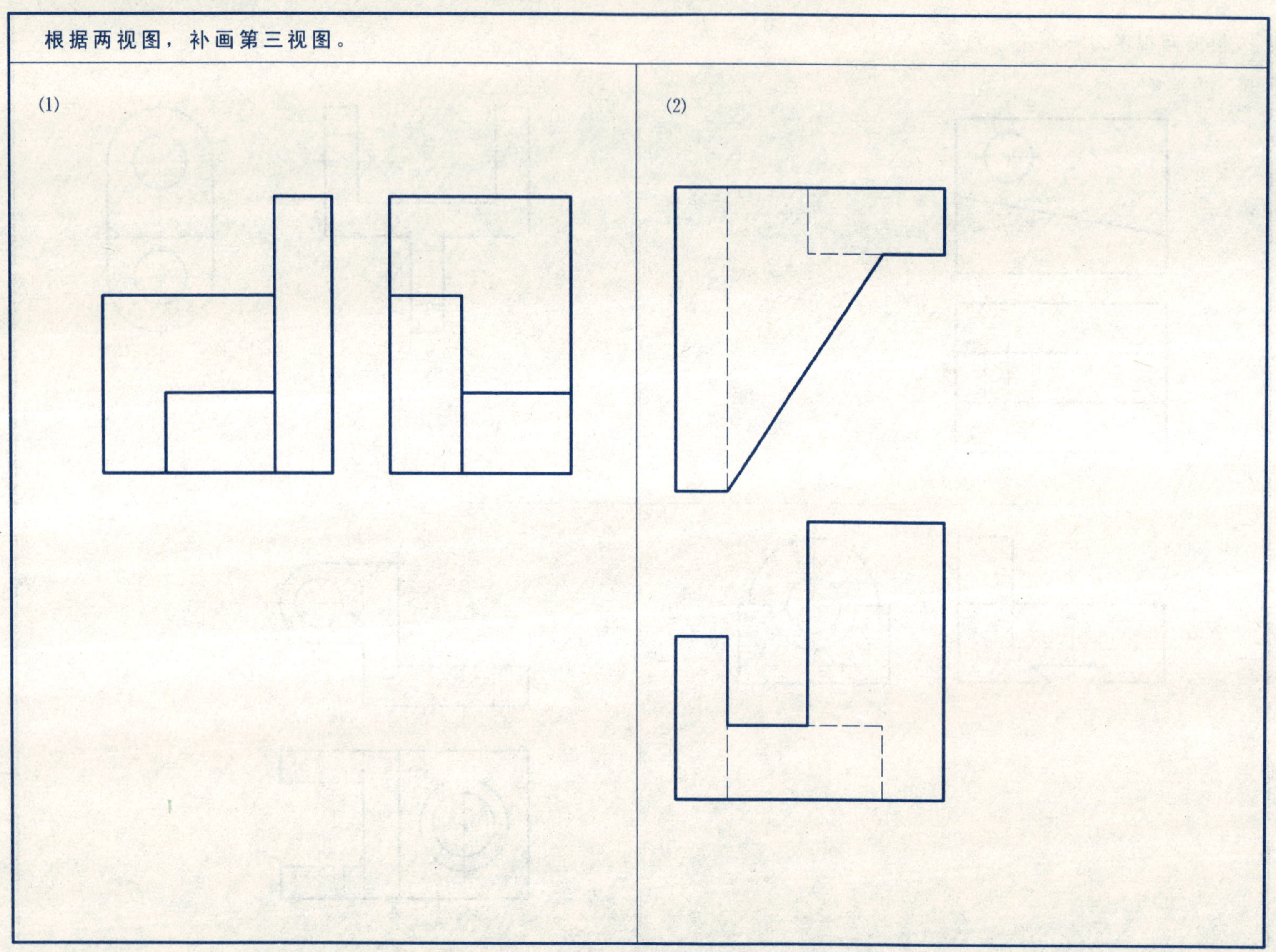

根据两视图，补画第三视图。

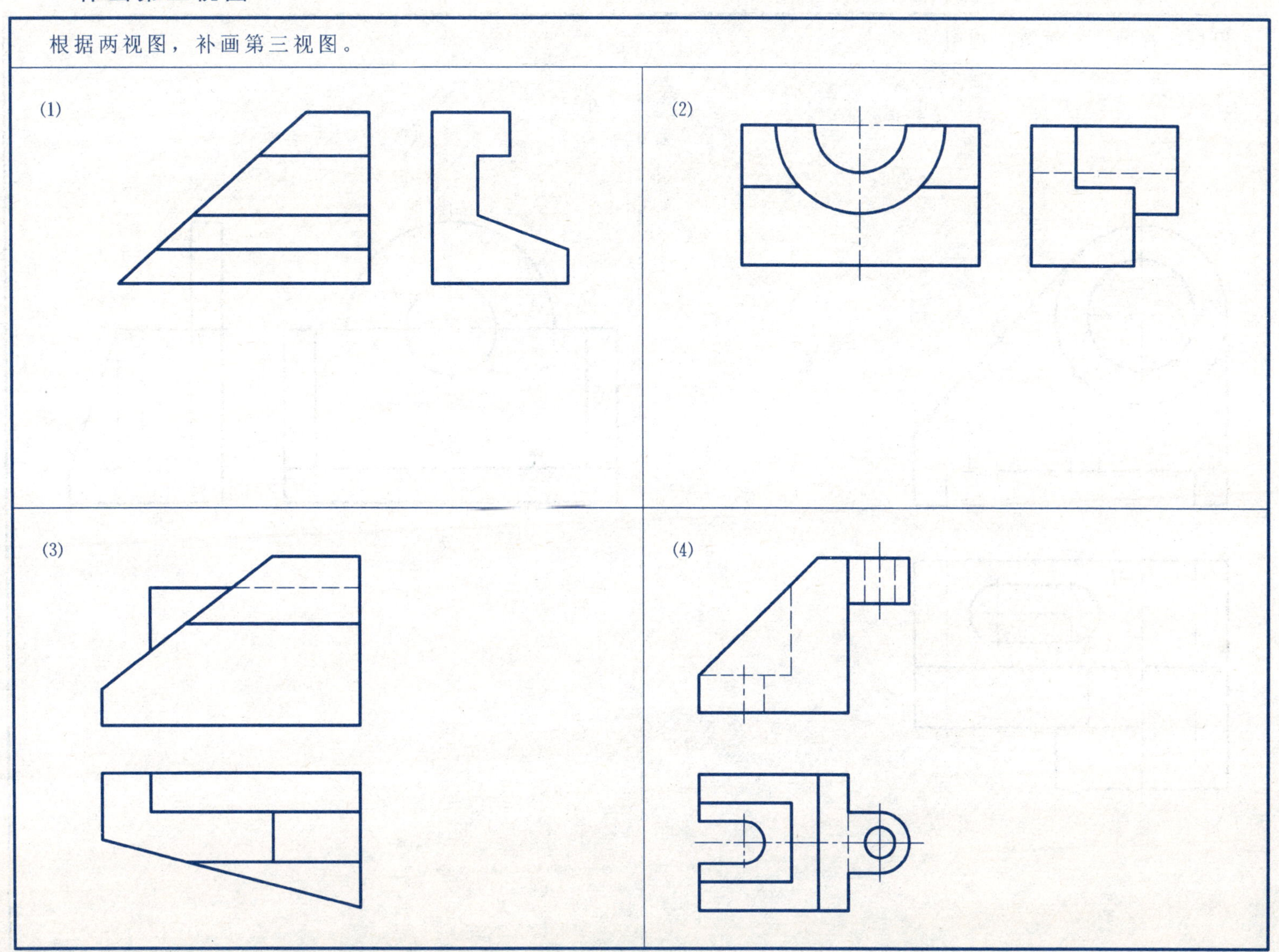

根据两视图，补画第三视图。

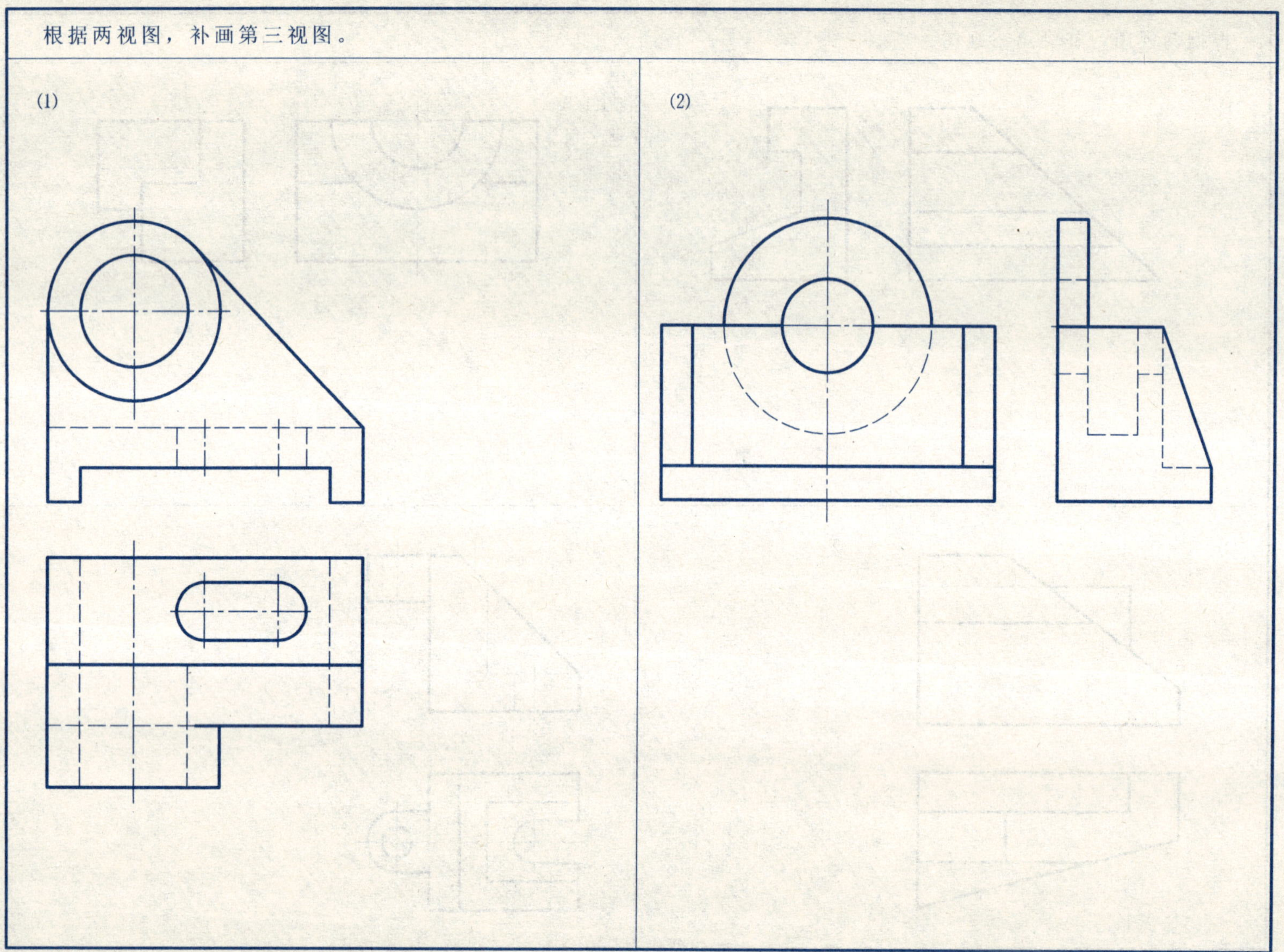

5-10 补画第三视图

根据两视图，补画第三视图。

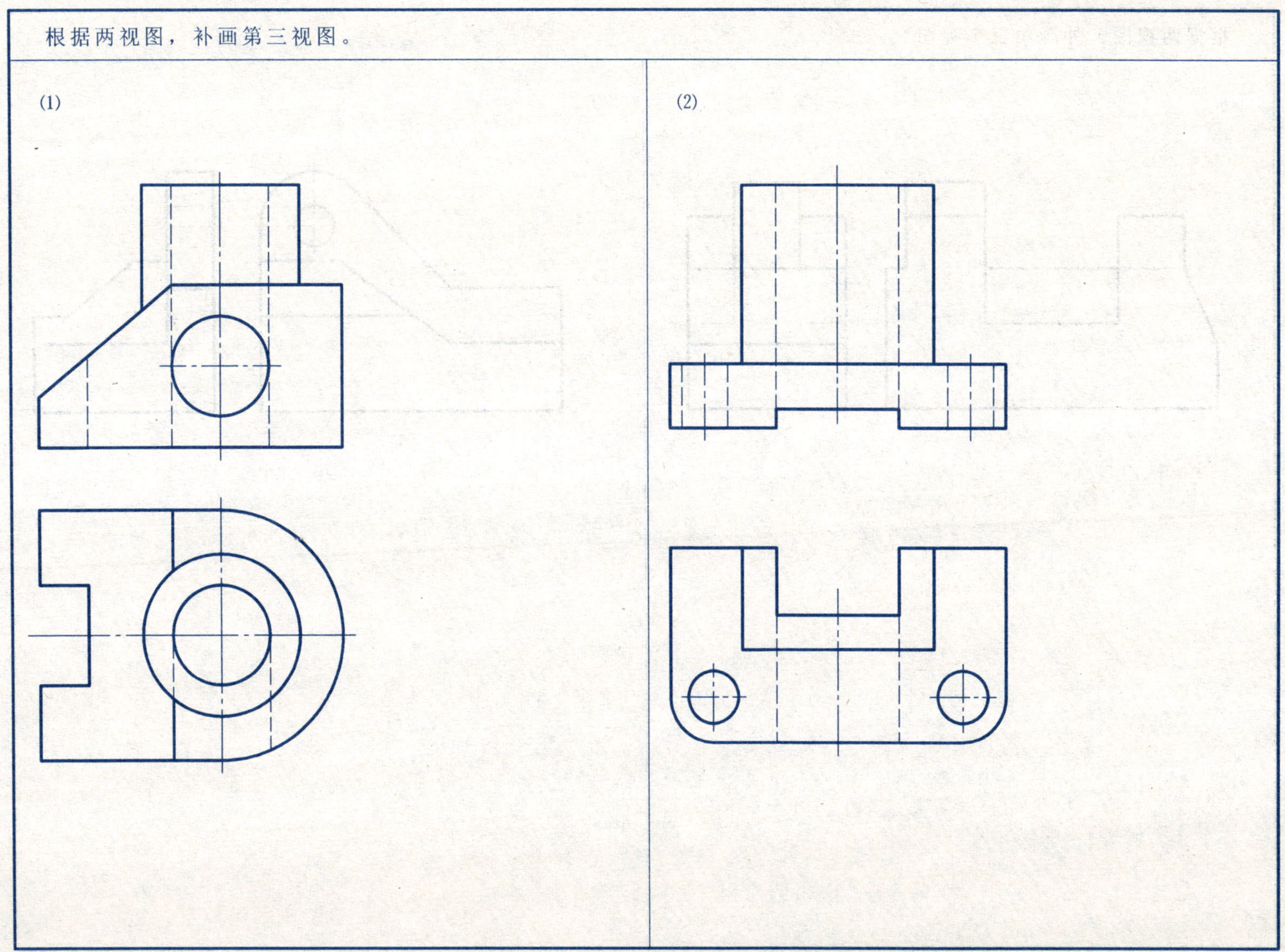

根据两视图，补画第三个视图。

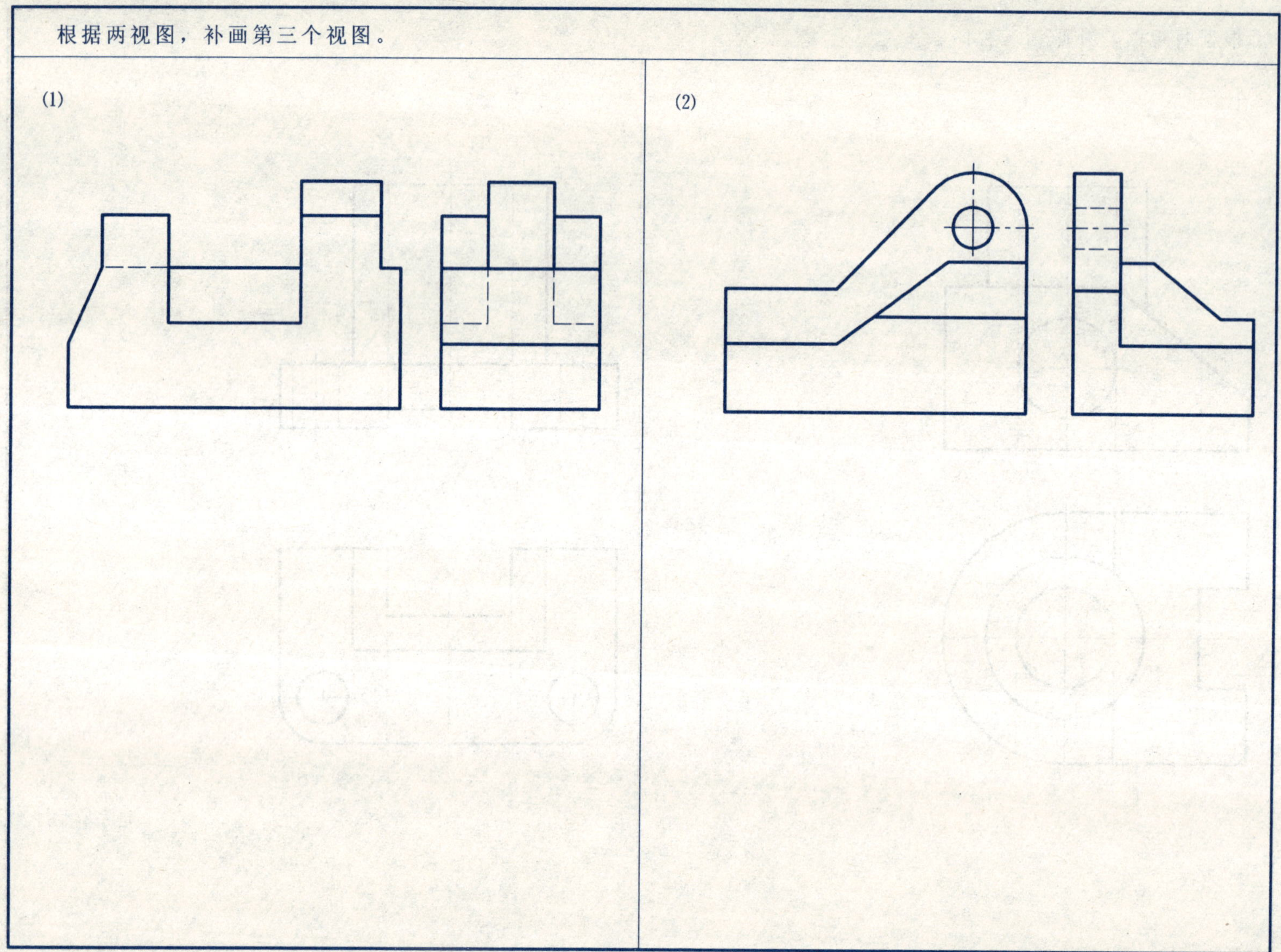

5-12 补画第三视图

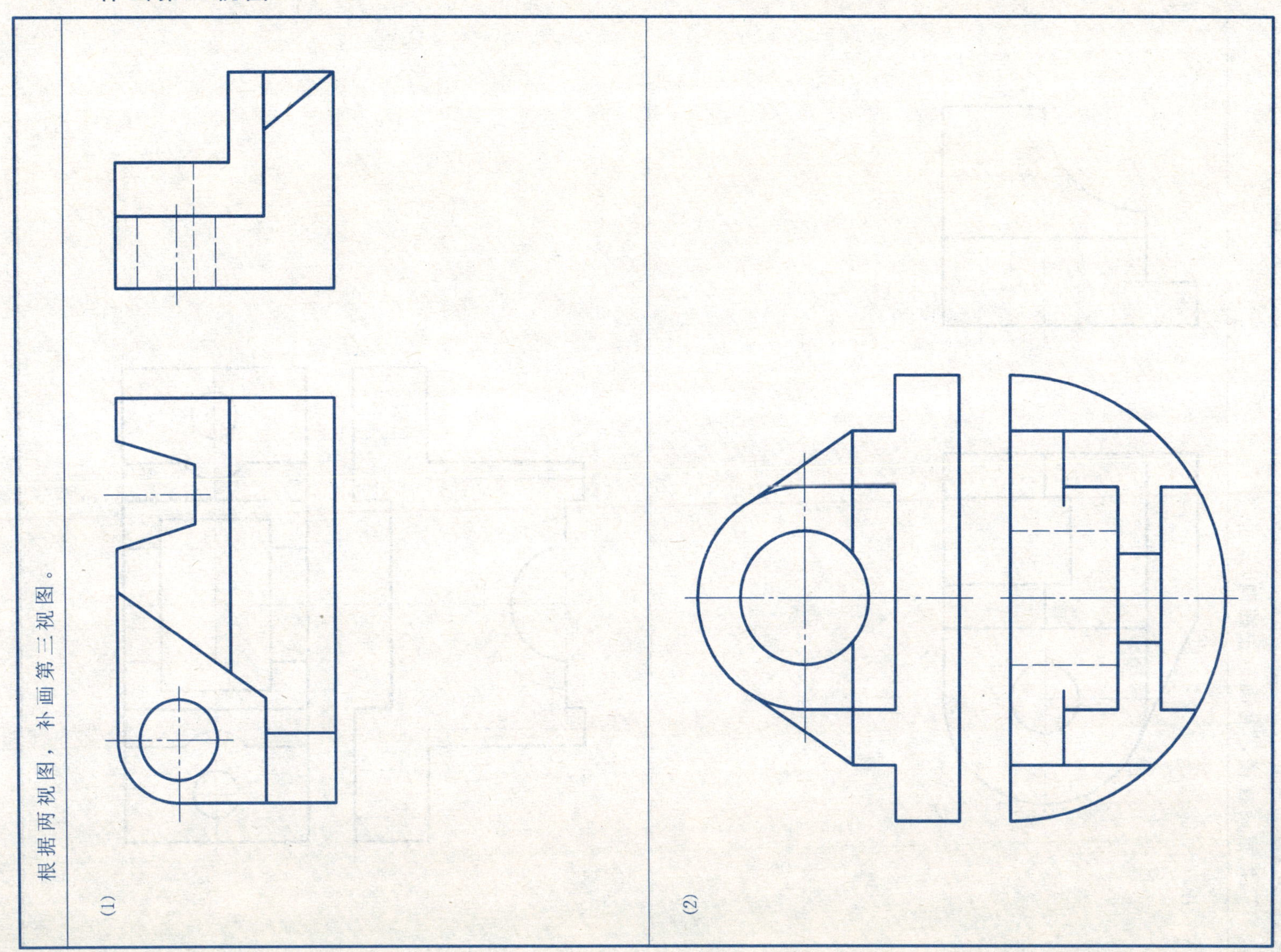

5-13 补画第三视图

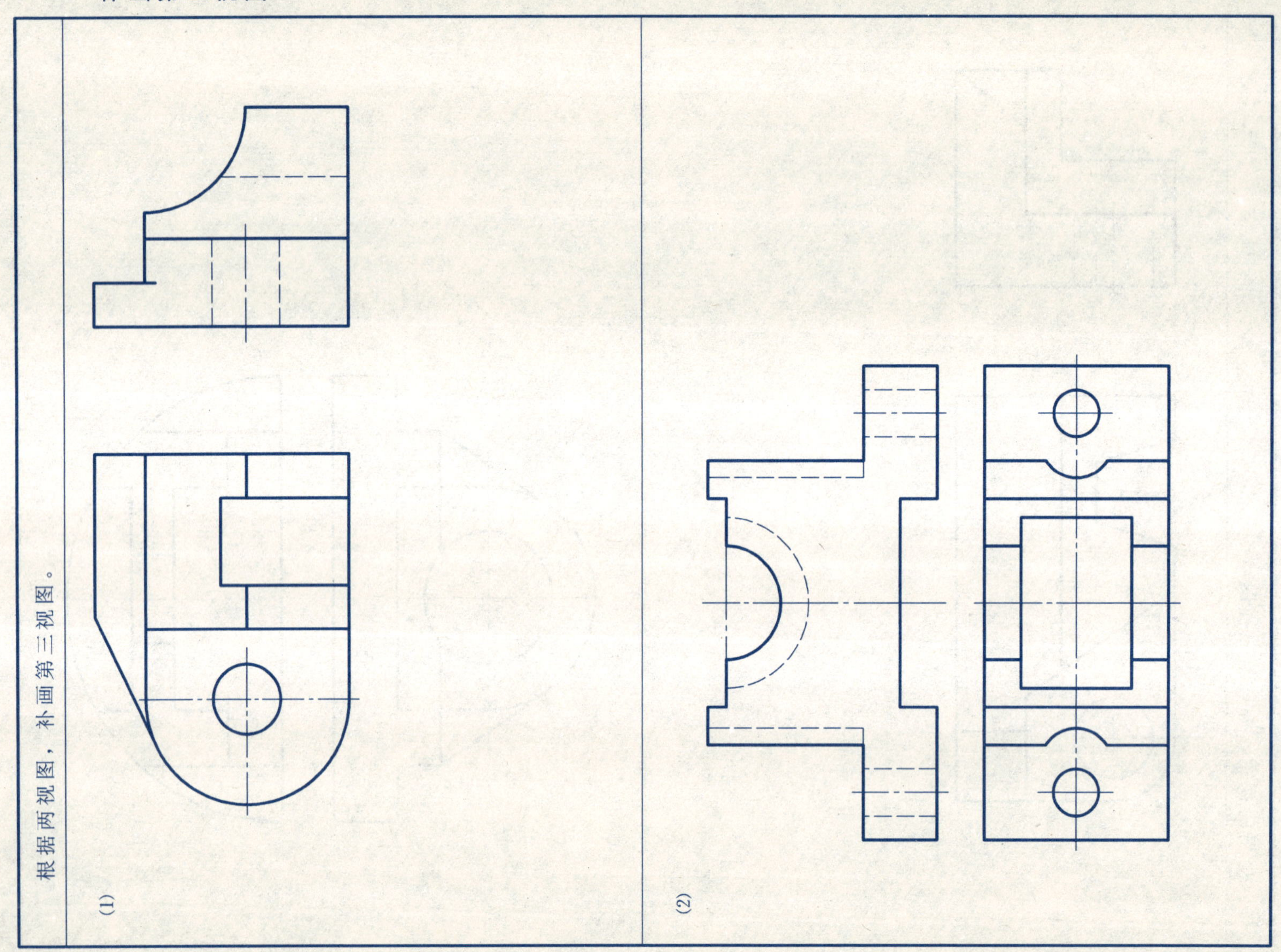

 班级　　　　姓名　　　　学号

5-14 组合体尺寸标注

根据视图标注组合体的尺寸，尺寸数值可直接从图上量取并取整。

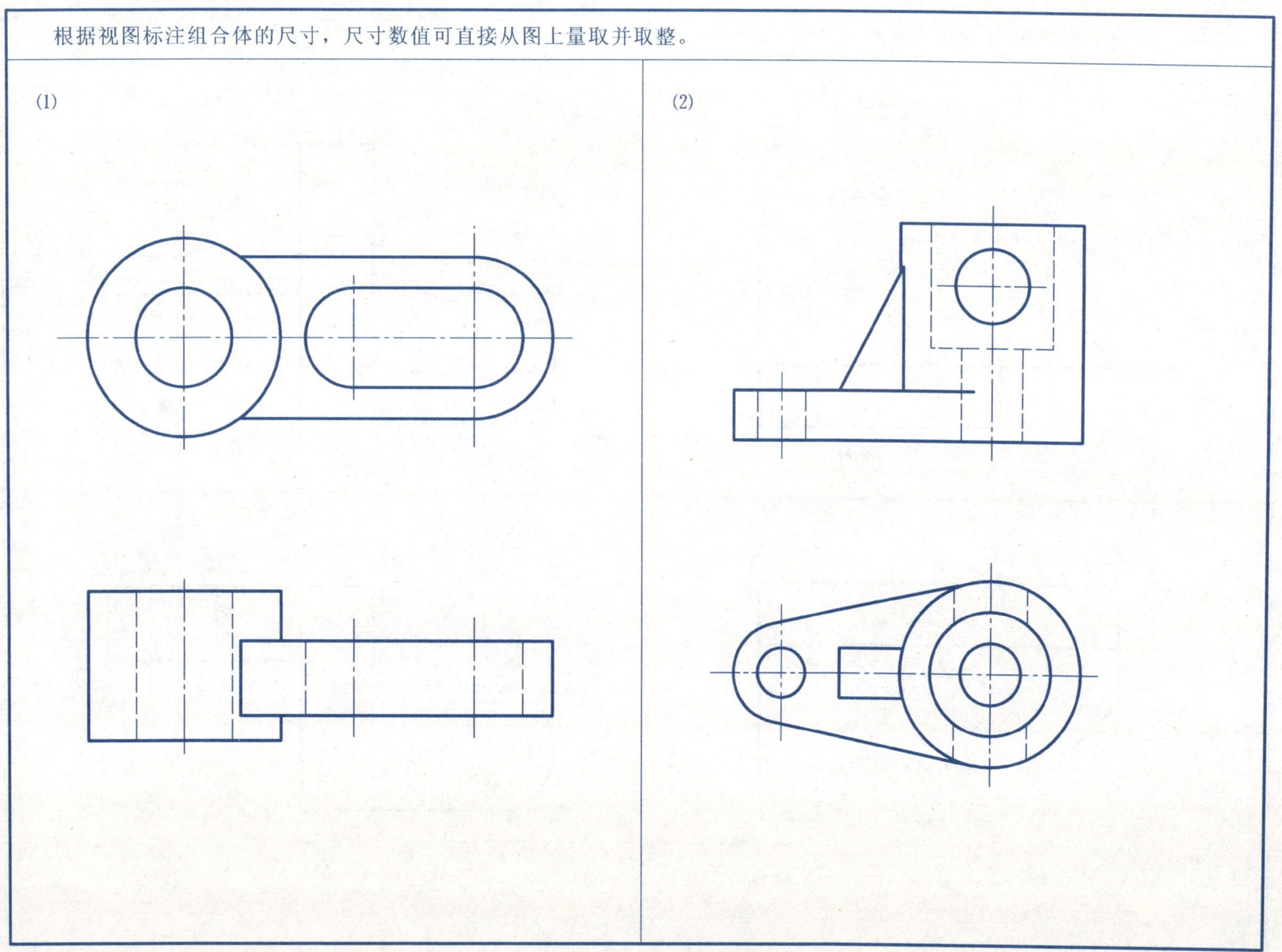

5-15 组合体尺寸标注

标注组合体的尺寸，尺寸数值从图上量取

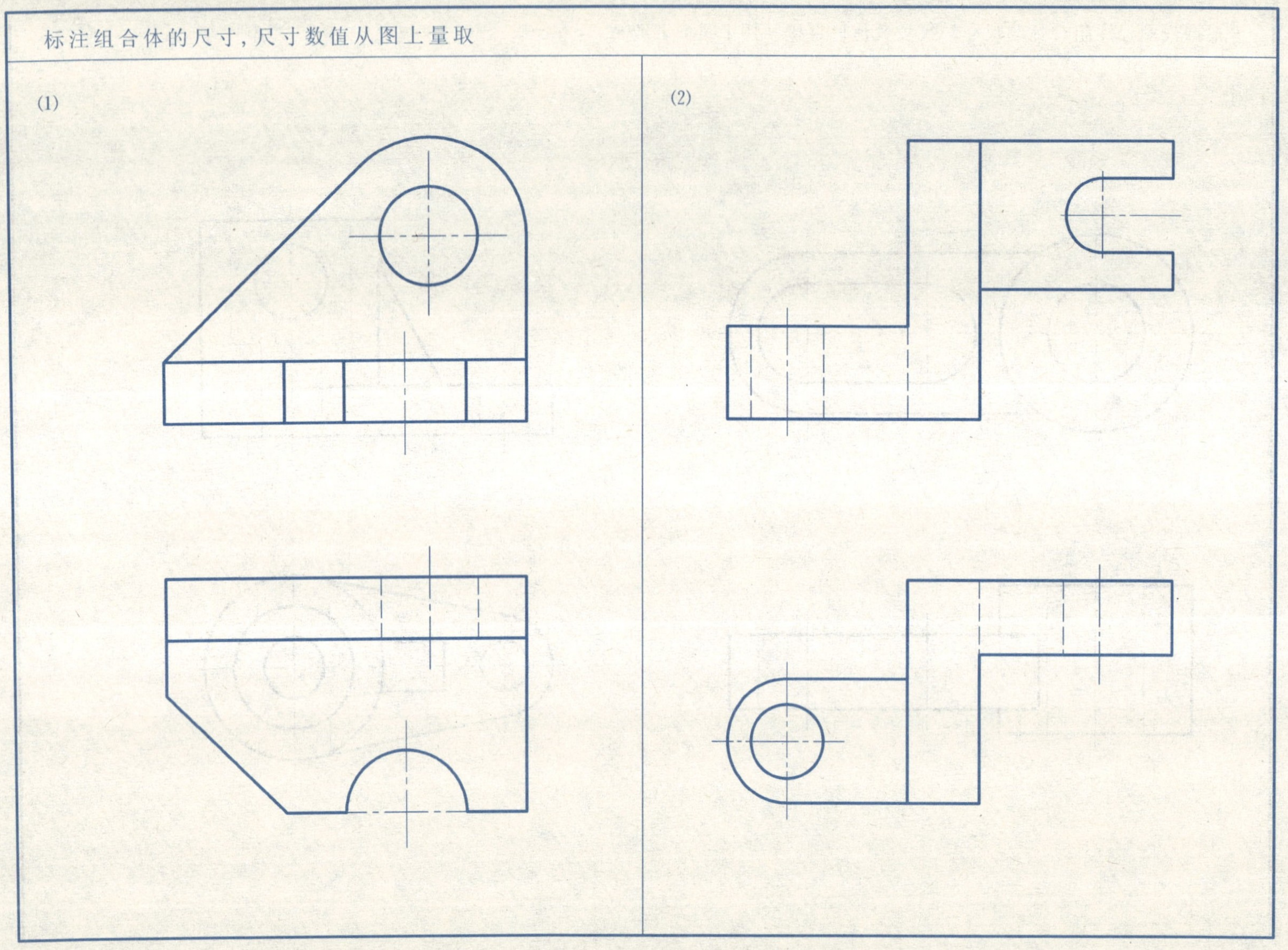

 班级 姓名 学号

5-16 组合体尺寸标注

标注组合体的尺寸，尺寸数值从图上量取

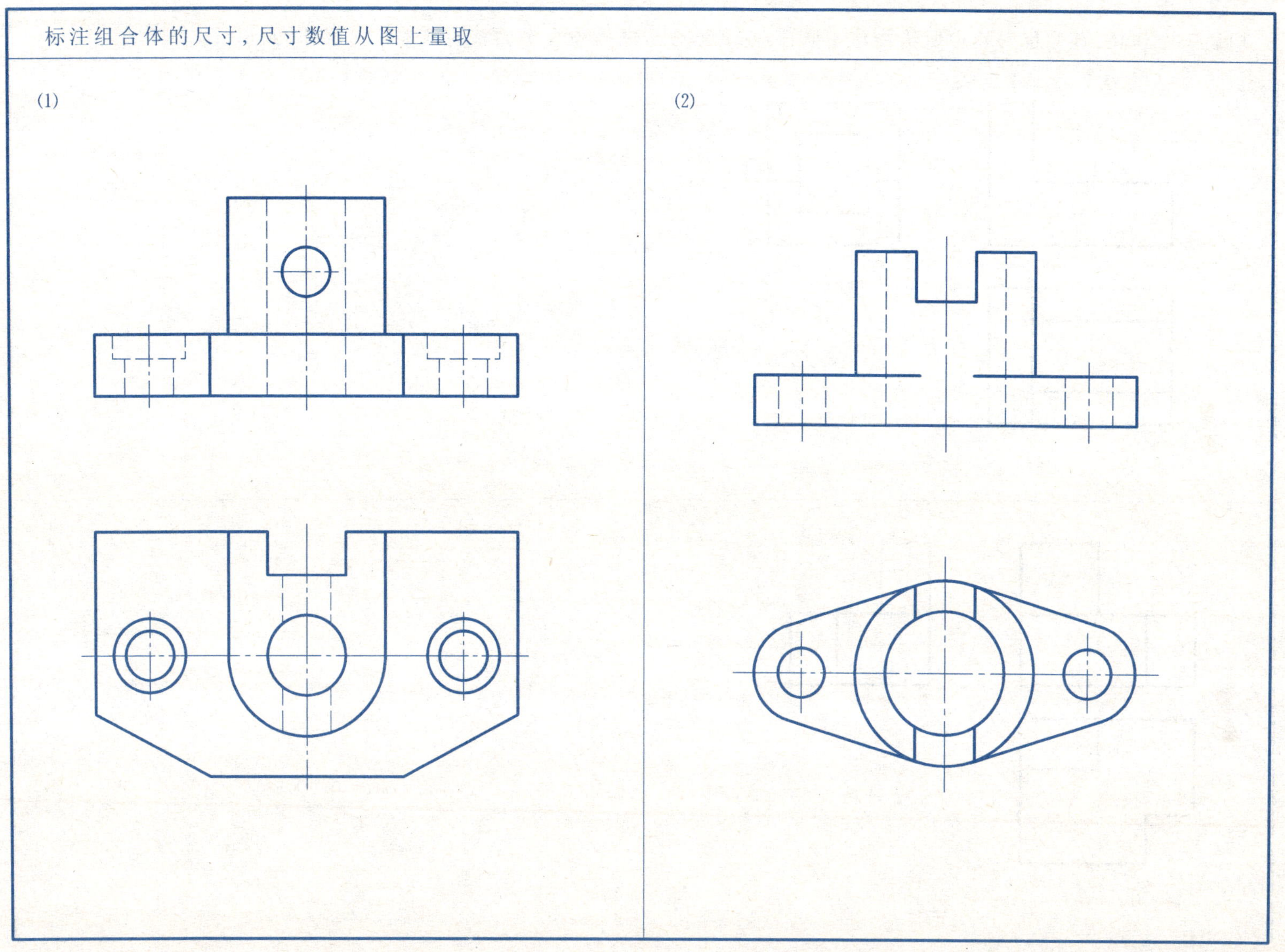

5-17 组合体构形设计

构思一个物体，使它能与题中所给物体相嵌合，二者结合后能成为一个完整的基本几何形体，画出其三视图。

(1)

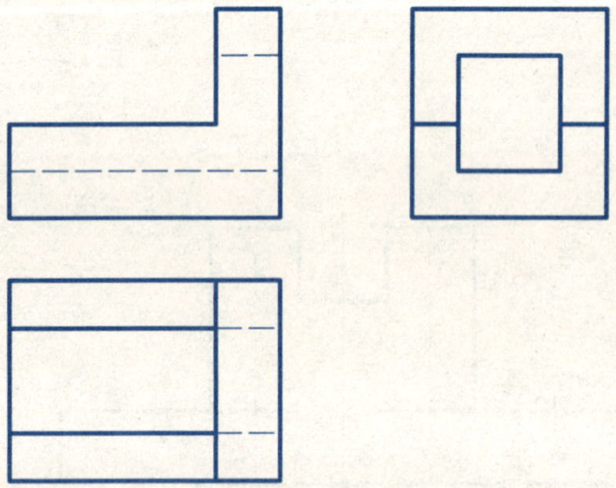

(2)

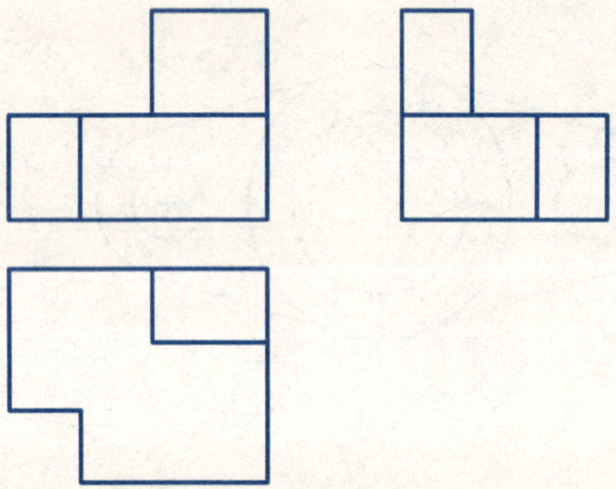

5-18 组合体构形设计

根据题中已知平板上三个形状不同的孔，设计一个塞块，使它能沿三个不同方向，不留间隙的穿过这三个孔。

(1)

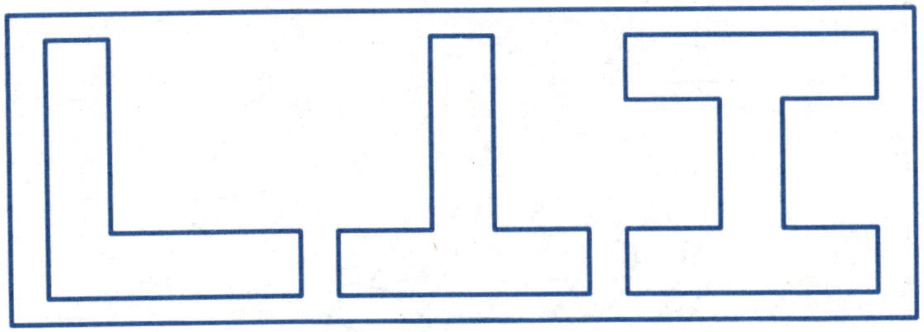

(2)

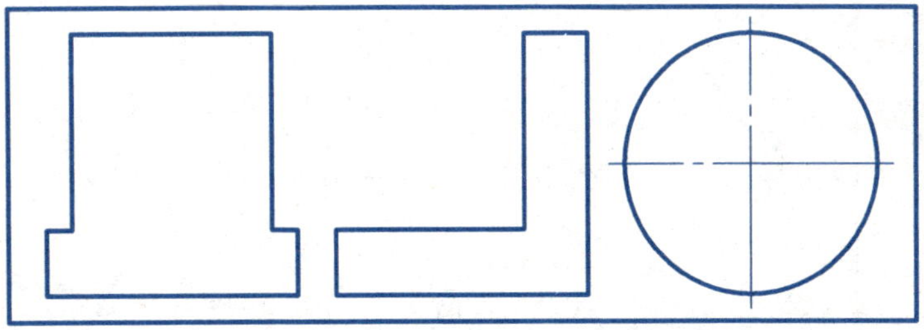

5-19 画图练习

根据轴测图画三视图并标注尺寸。用A3图纸，比例为1：1。

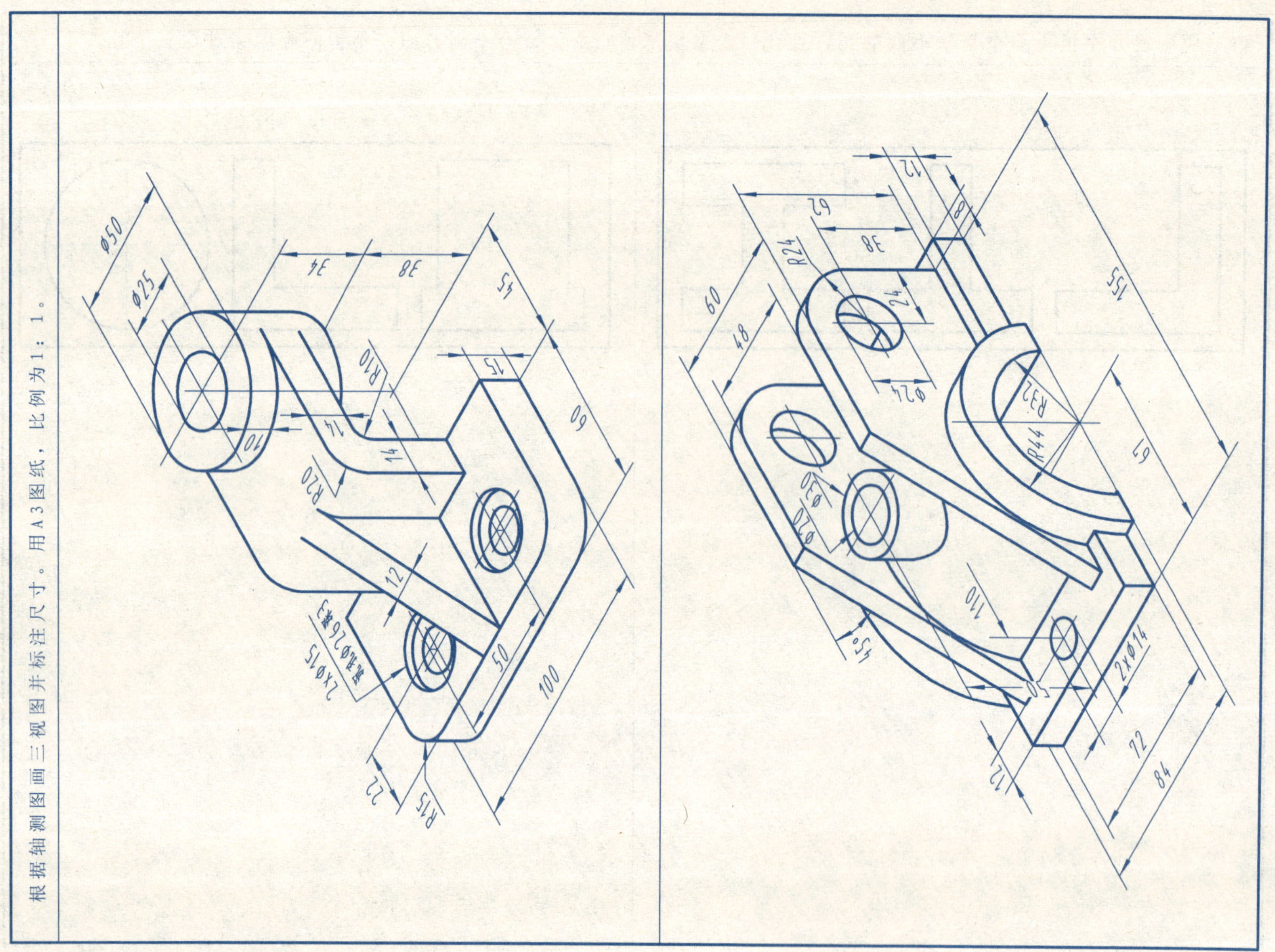

根据给定的视图画出正等测轴测图。

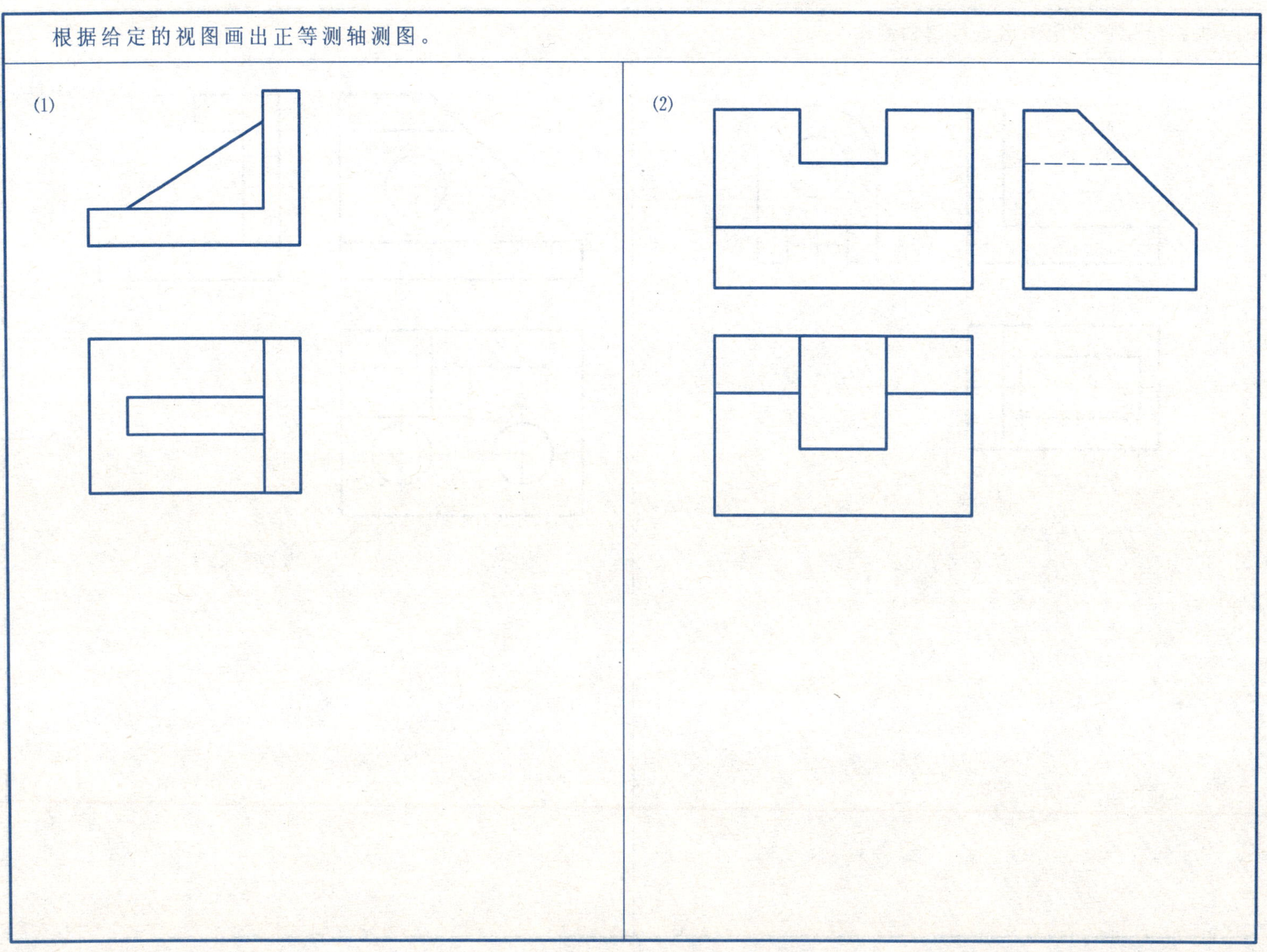

6-2 轴测图

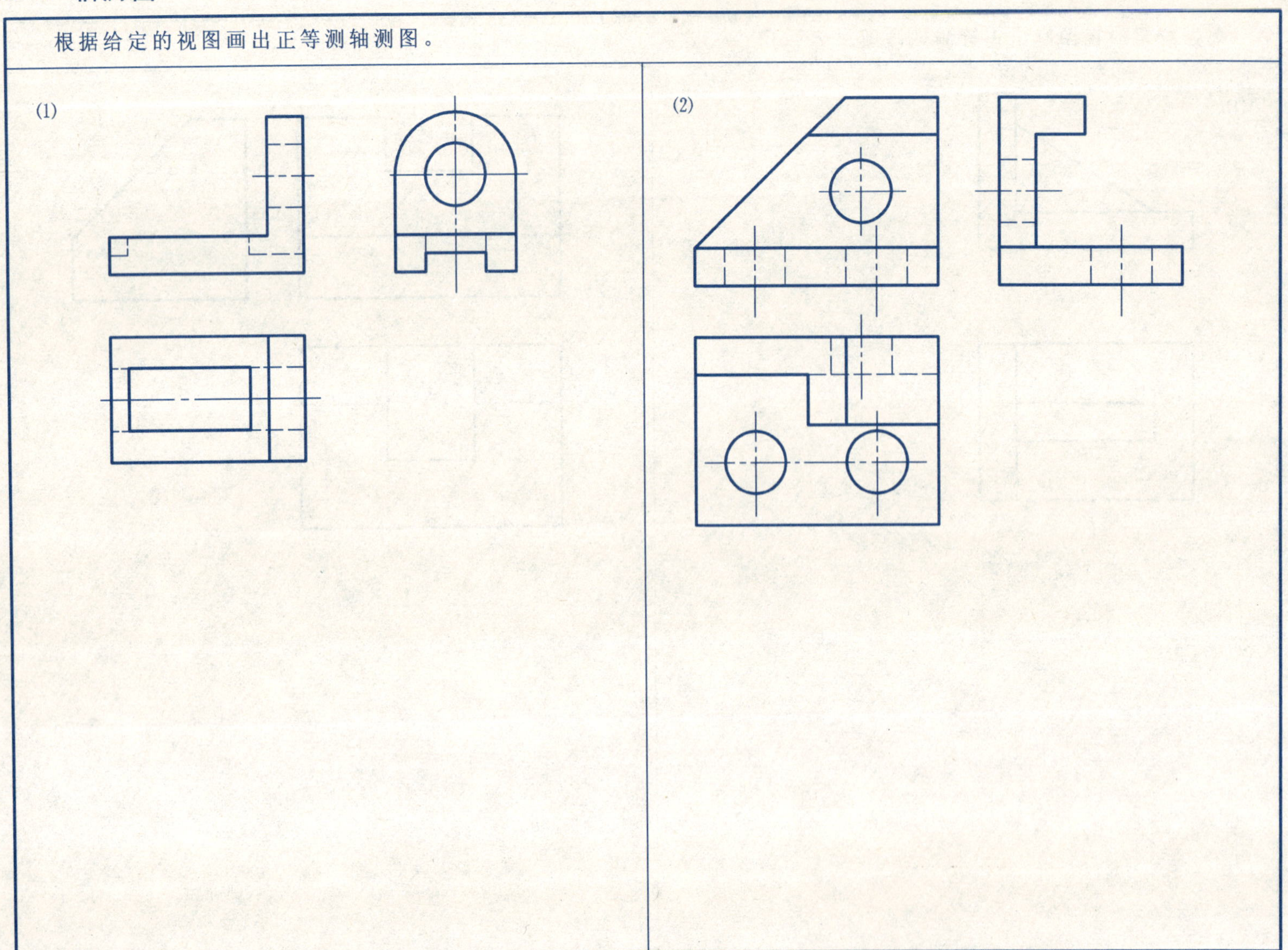

根据给定的视图画出斜二测轴测图。

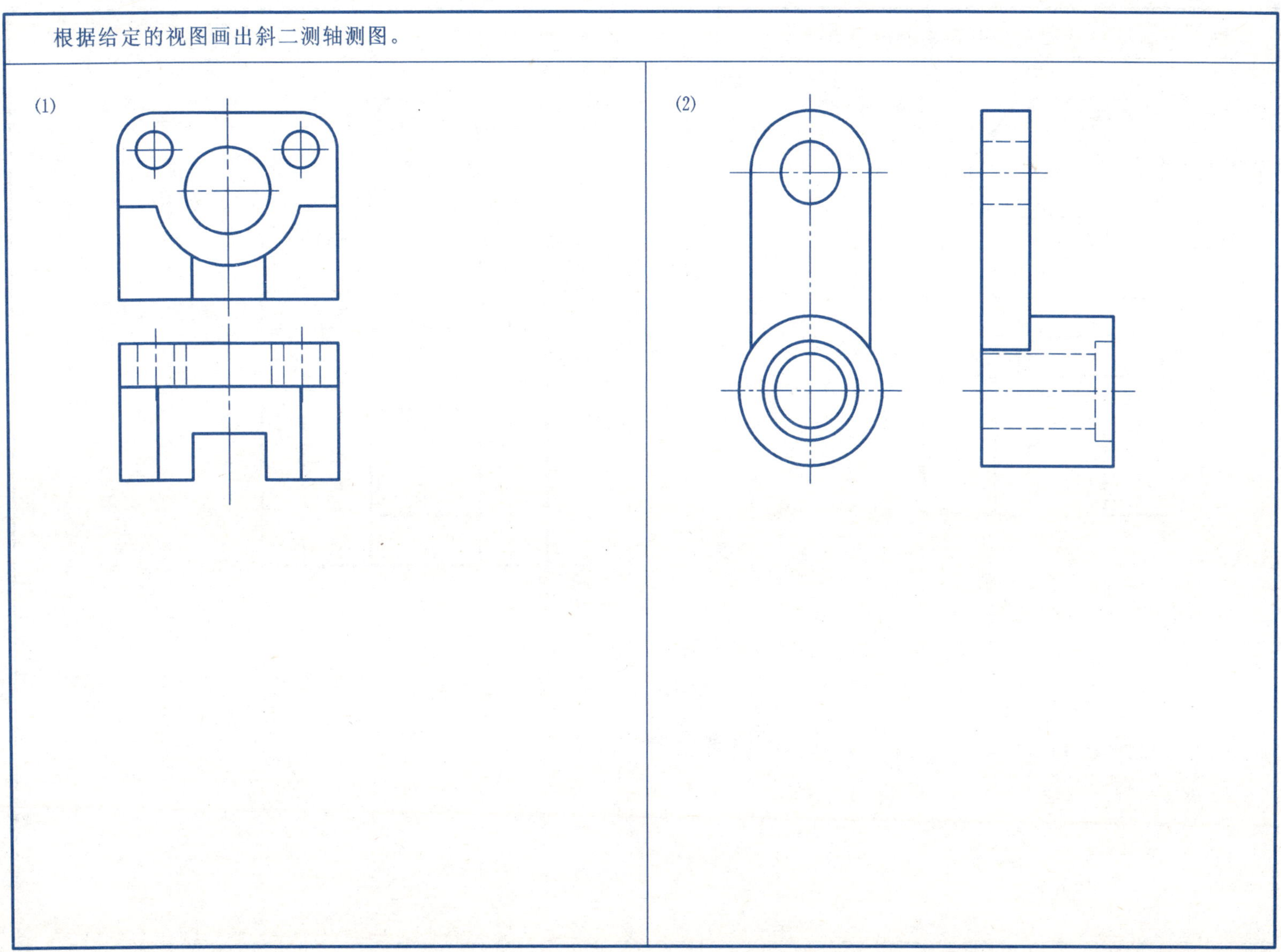

6-4 轴测图

根据给定的两视图，选择适宜的轴测图。

(1)

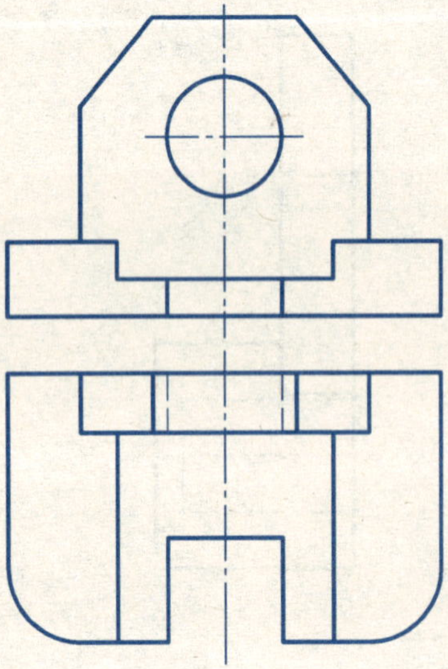

(2)

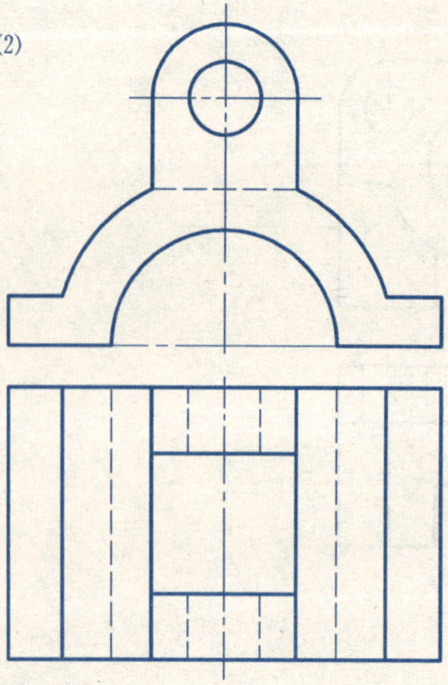

6-5 **轴测图**

根据给定的视图，徒手画出正等轴测图。

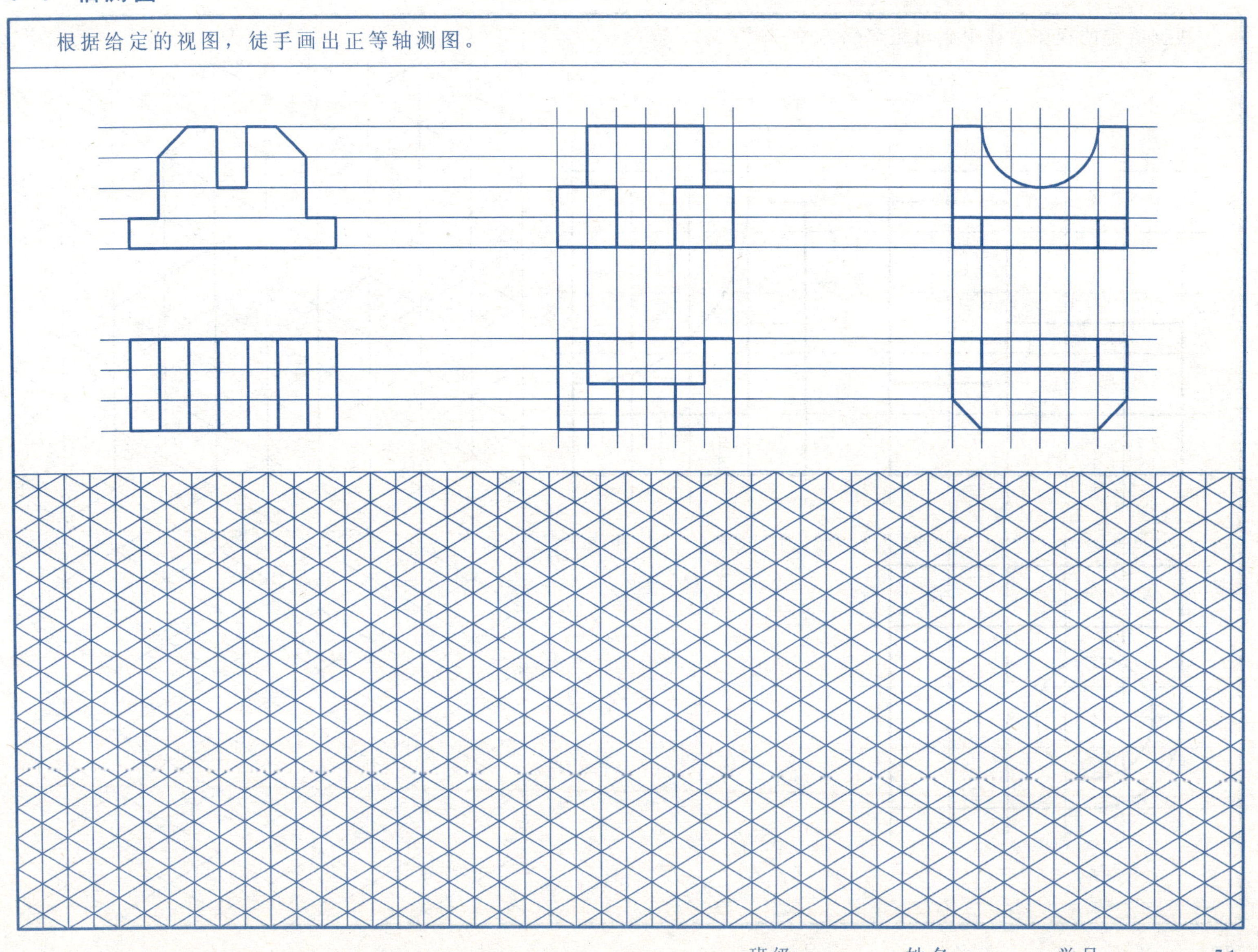

根据给定的视图，徒手画出正等轴测图。

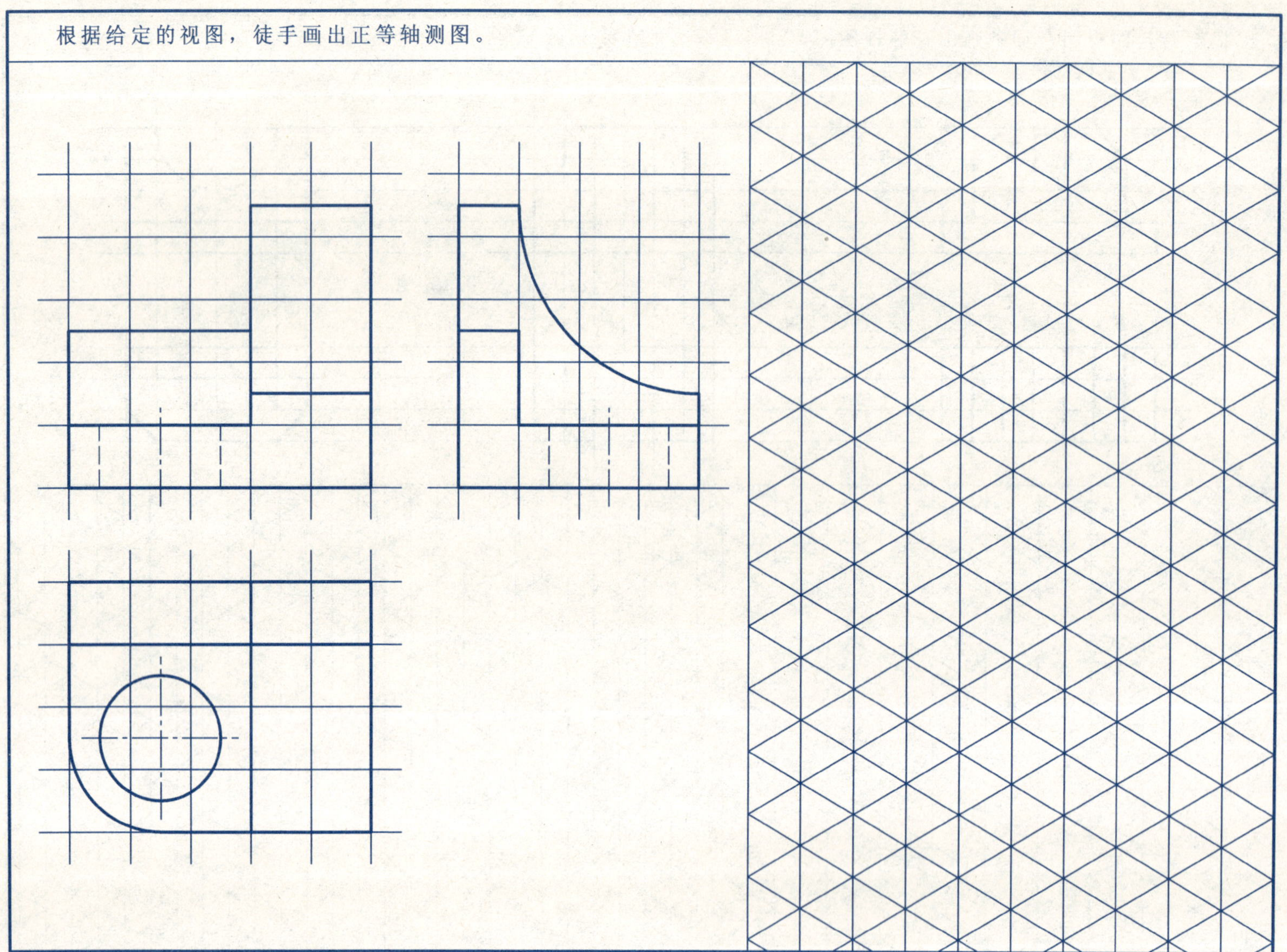

6-7 轴测图

根据视图所注尺寸，用1：1在A3图纸上画出视图、正等轴测图，并进行尺寸标注。

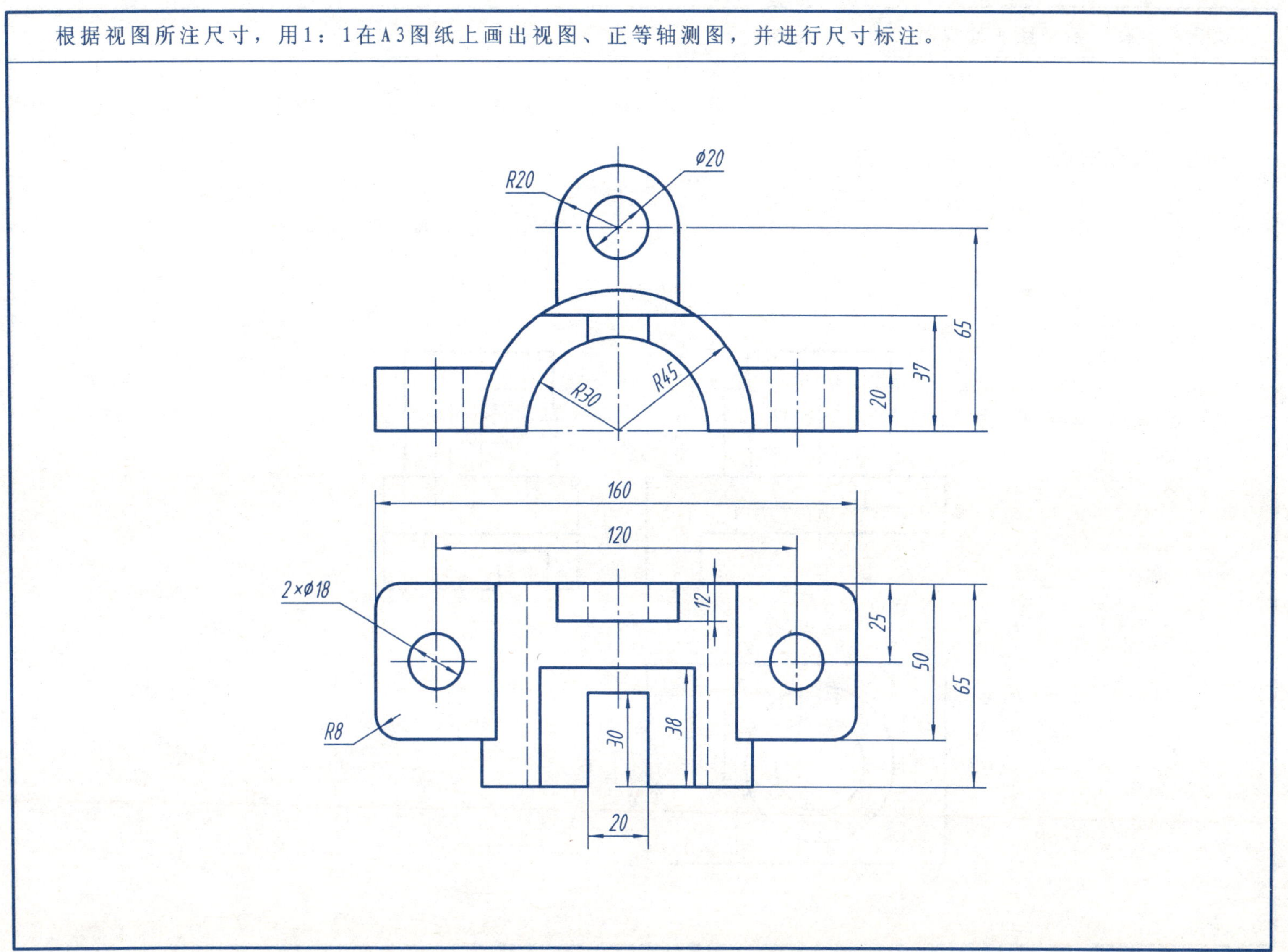

7-1 视图

画出右视图、后视图和仰视图（按基本视图配置）。

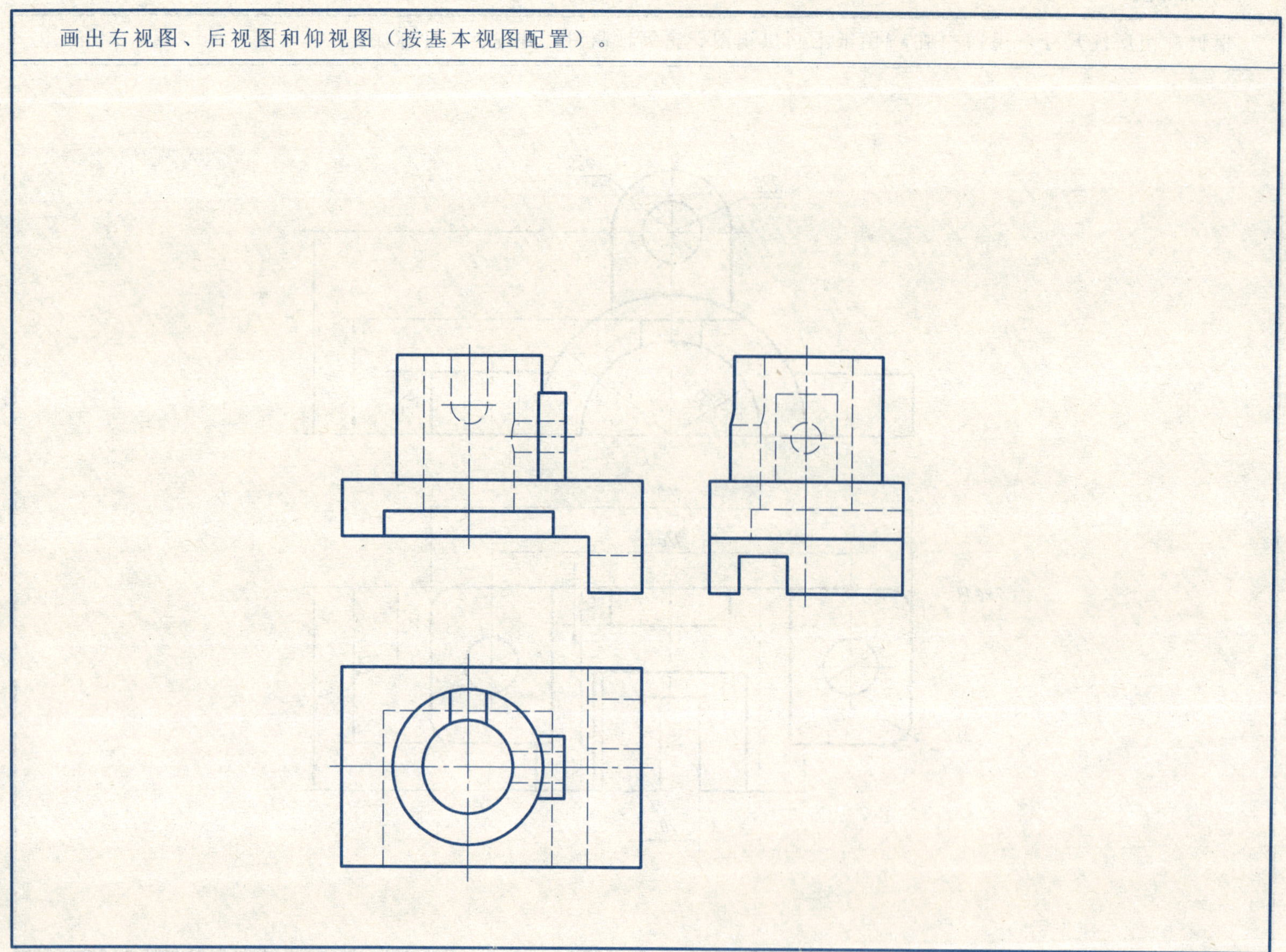

在指定的位置补画出向视图和局部视图。

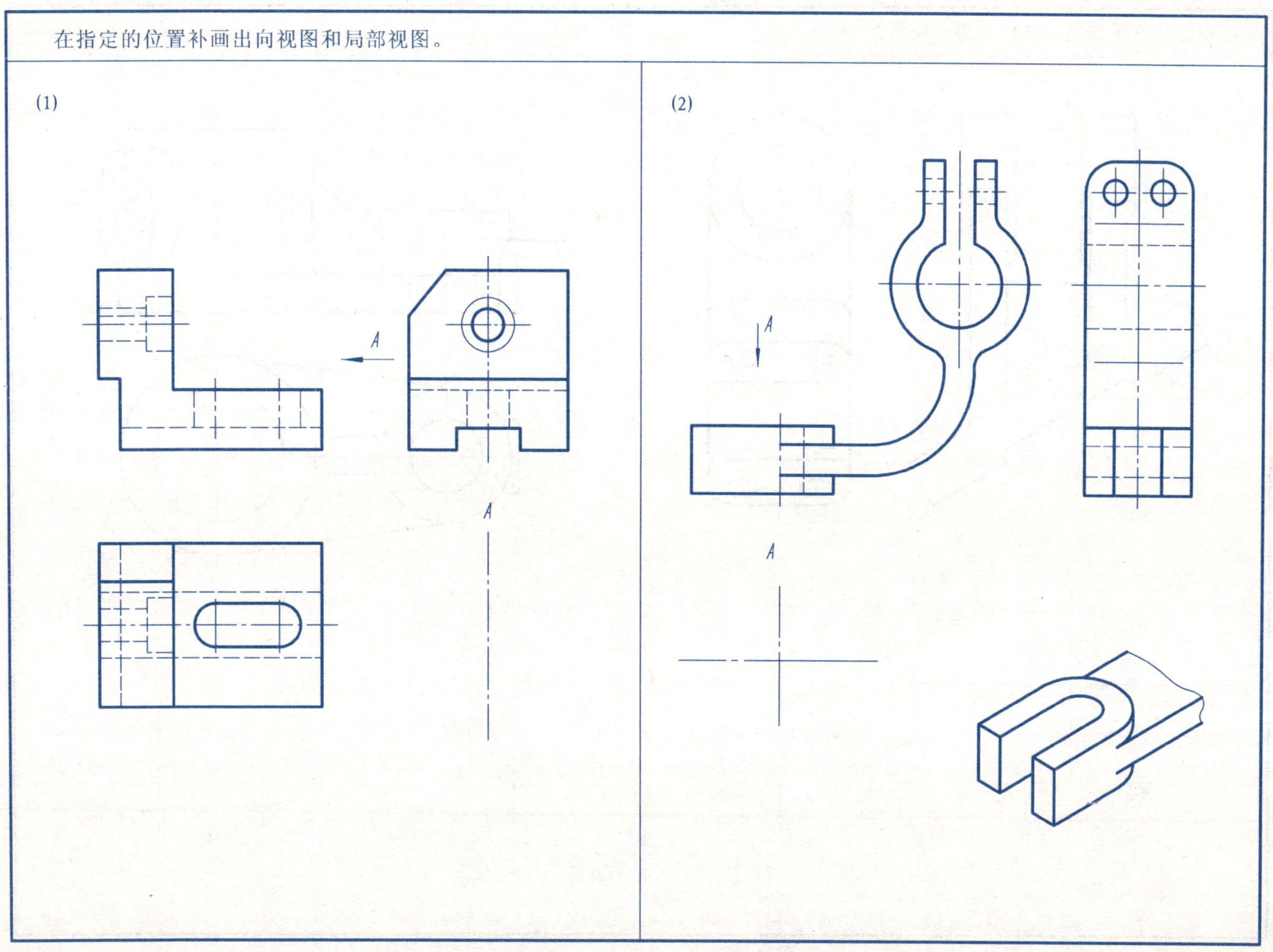

在指定的位置画出局部视图和斜视图。

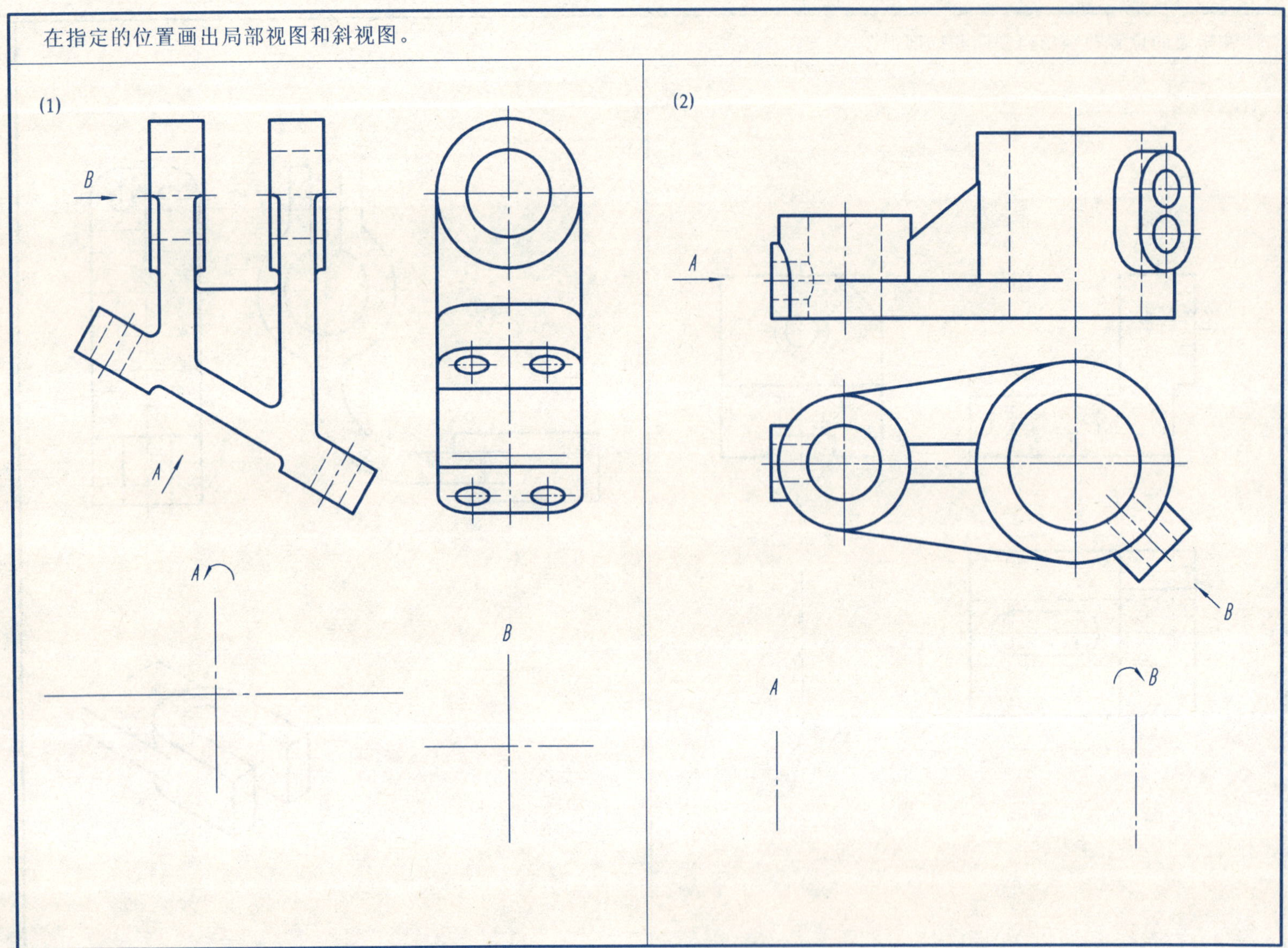

7-4 剖视图

补画全剖视图中漏画的图线。

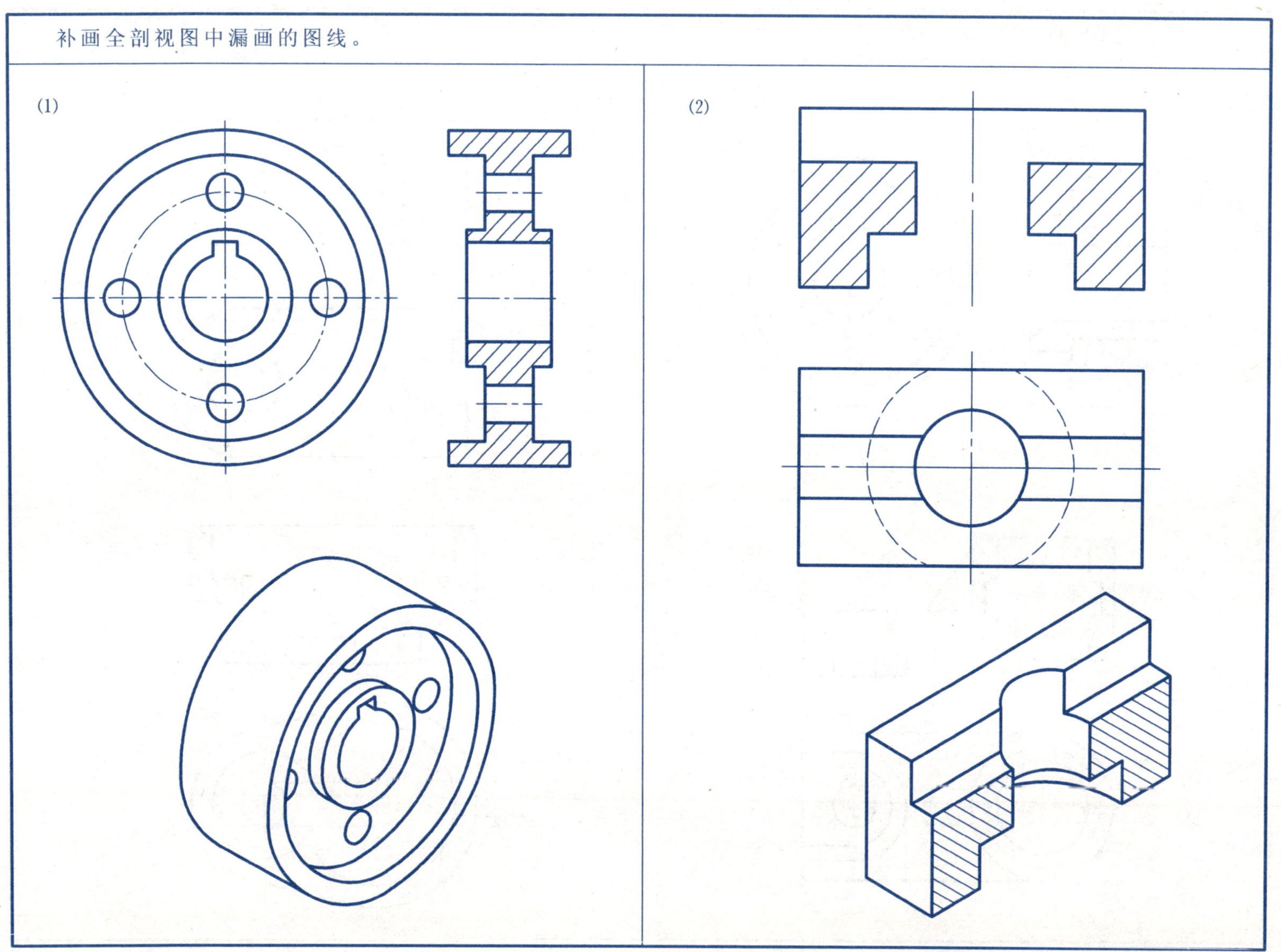

7-5 剖视图

补画全剖视图中漏画的图线。

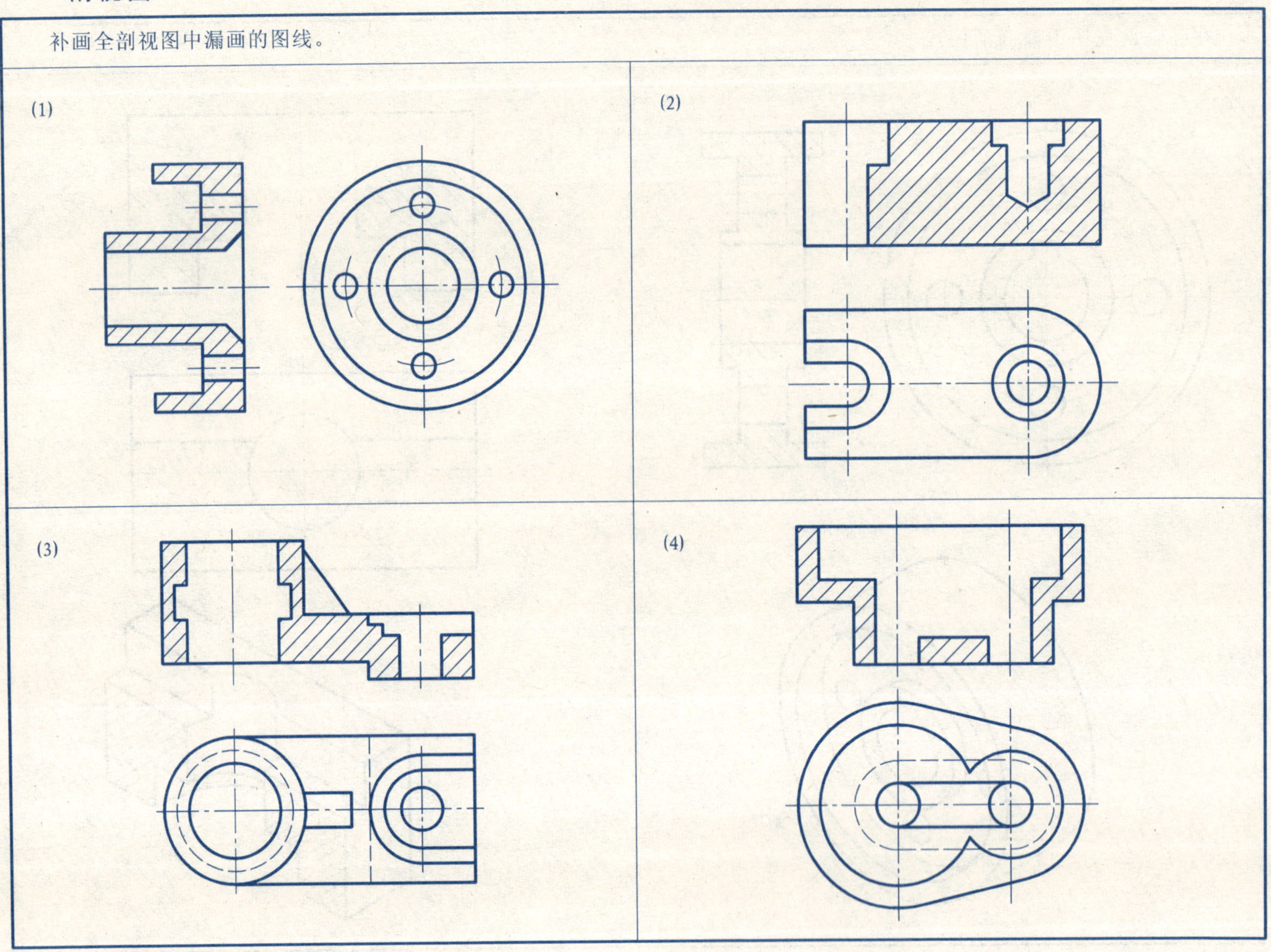

 班级 姓名 学号

在指定位置将主视图改画为全剖视图。

(1)

(2)

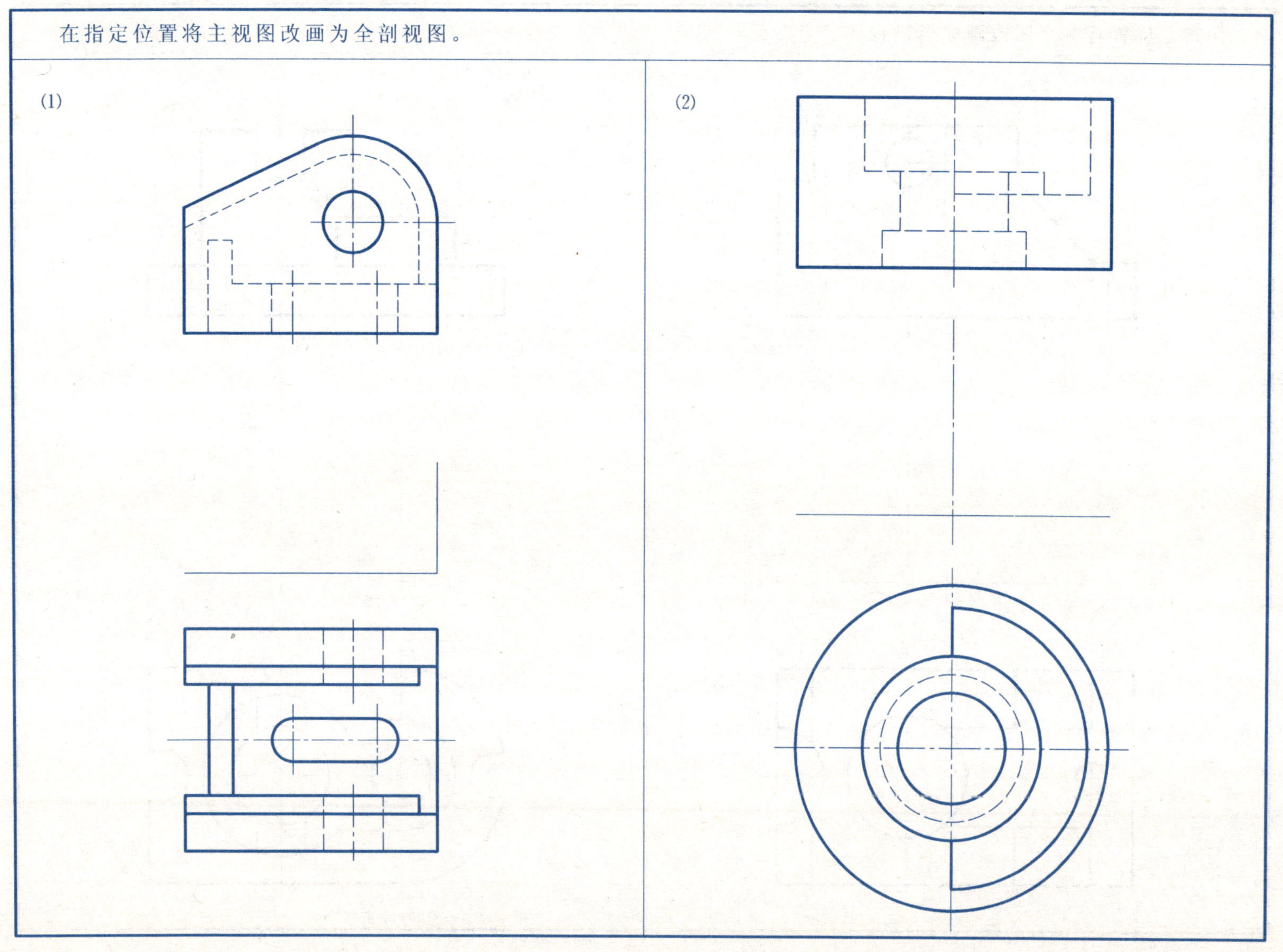

7-7 剖视图

在指定位置将主视图改画成全剖视图。

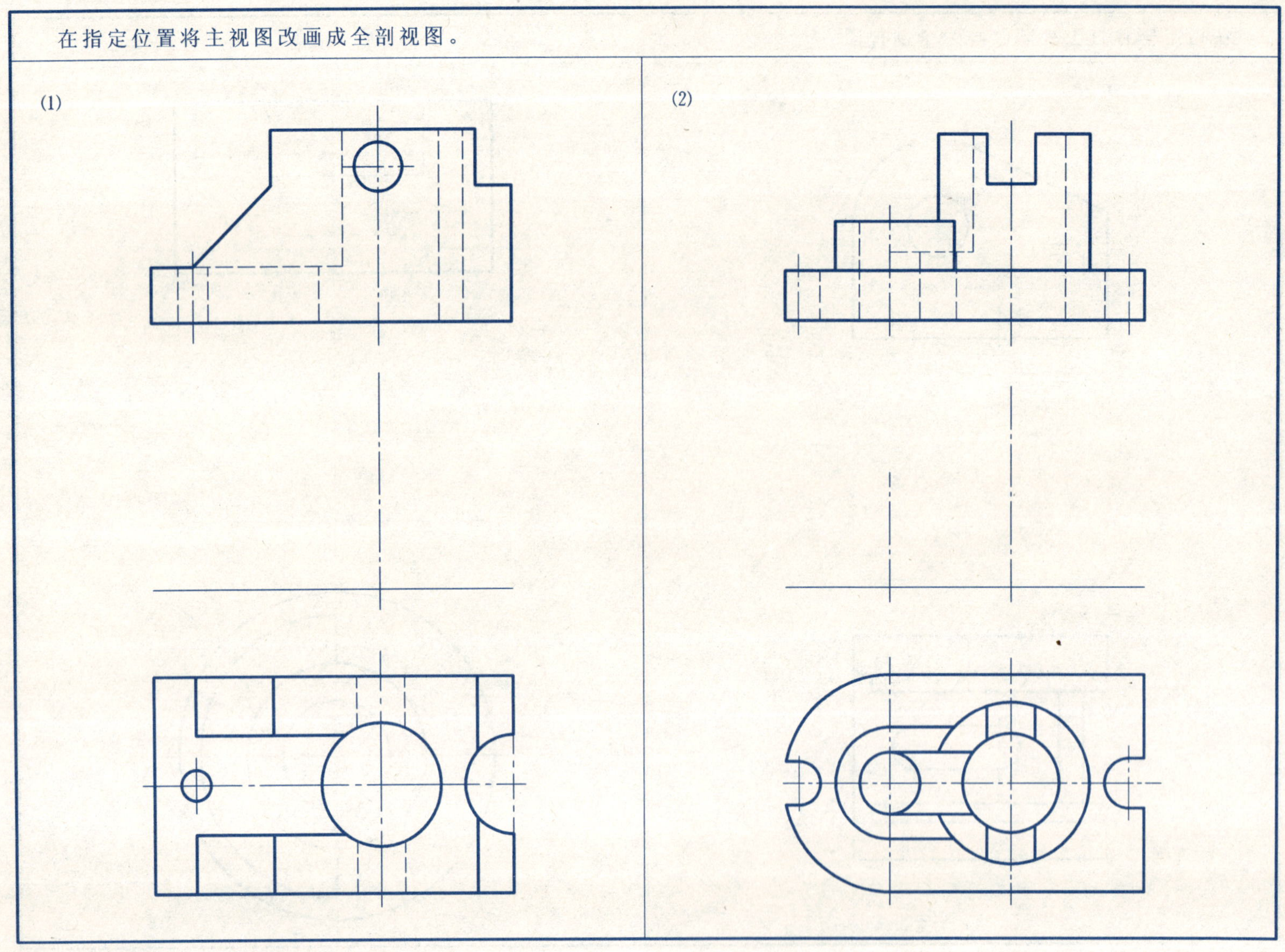

 班级 姓名 学号

在指定位置把主视图改画成半剖视图。

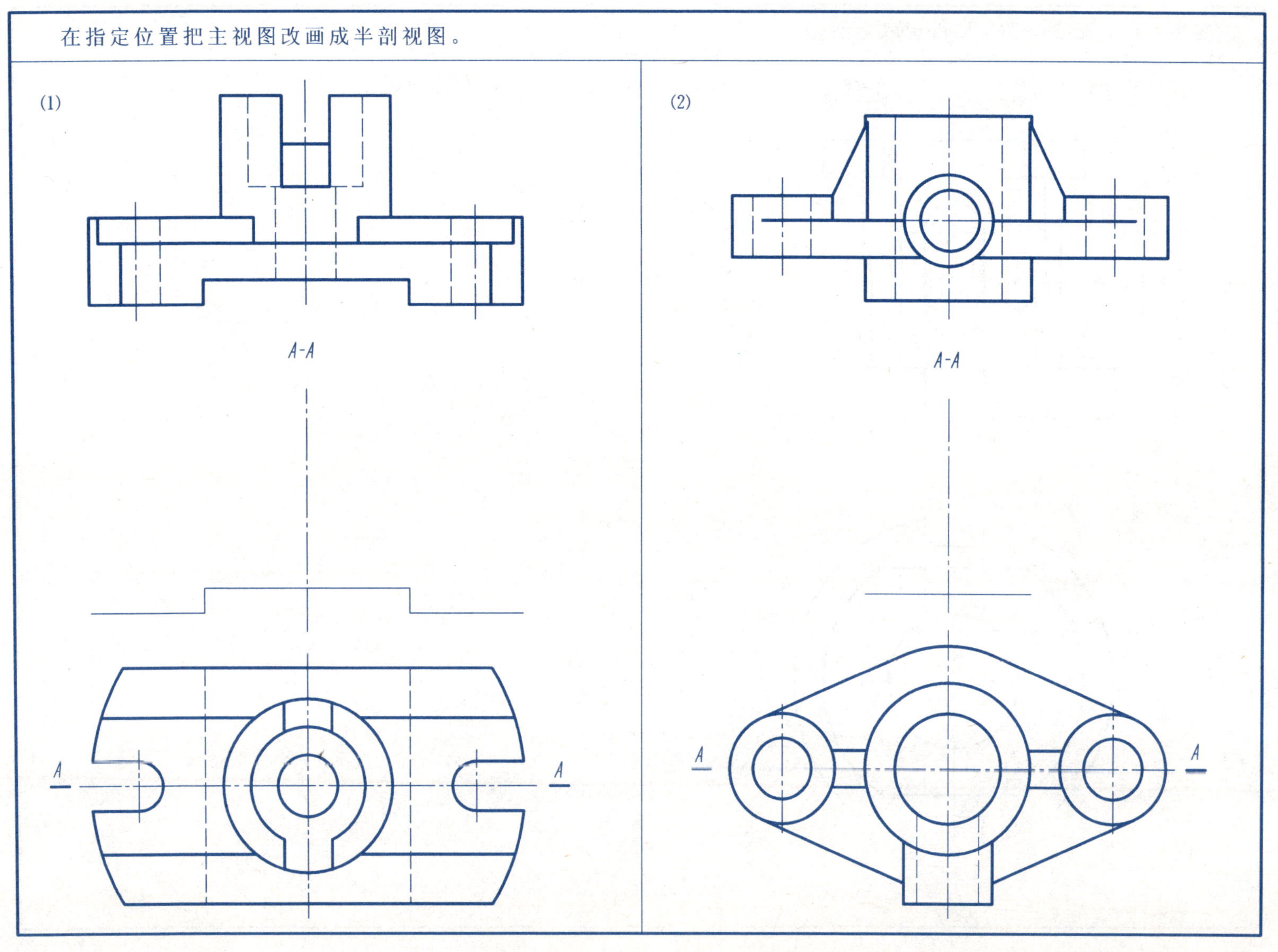

在指定位置把主、俯视图改画成半剖视图，并作出半剖的左视图。

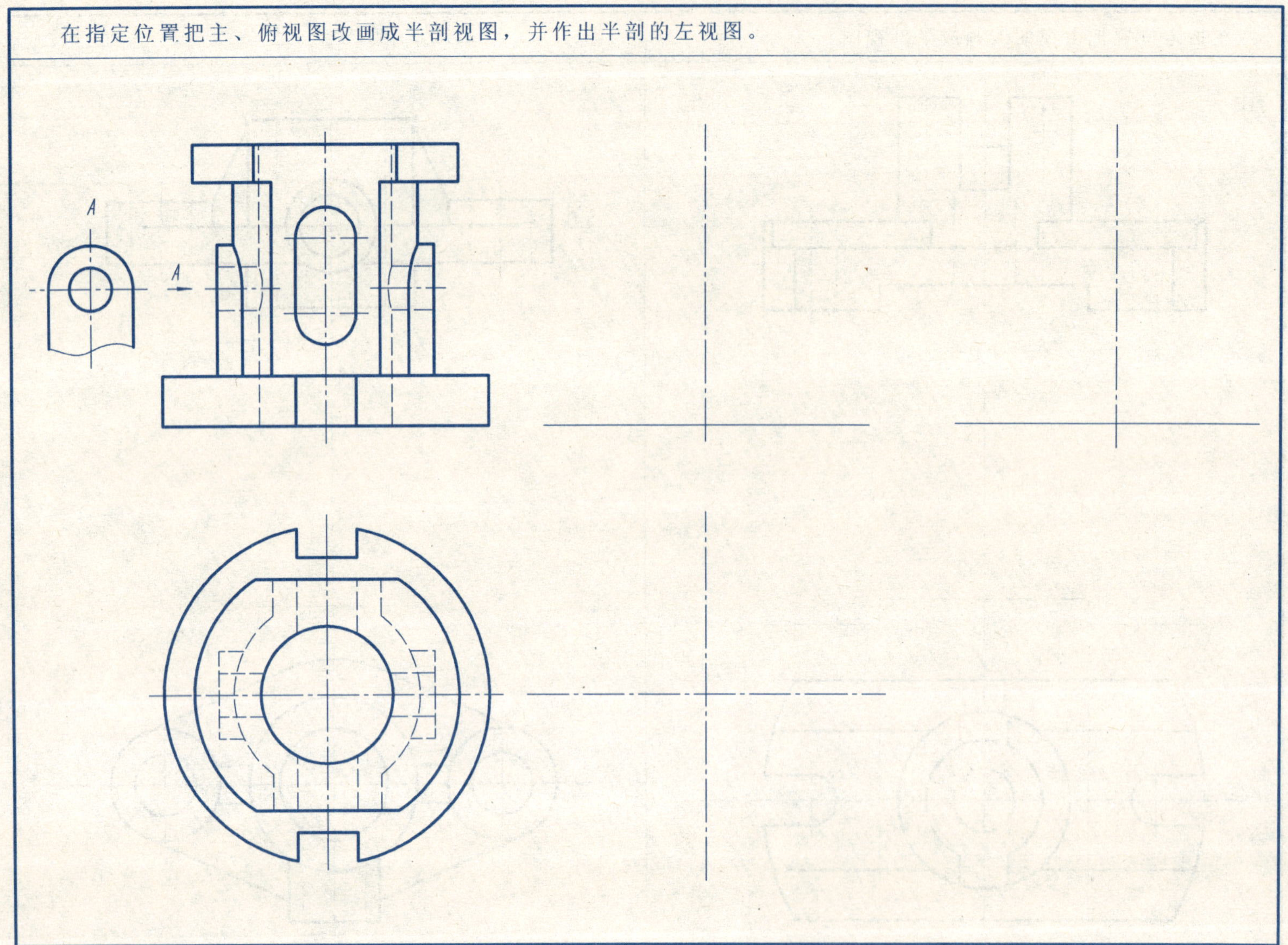

7-10 剖视图

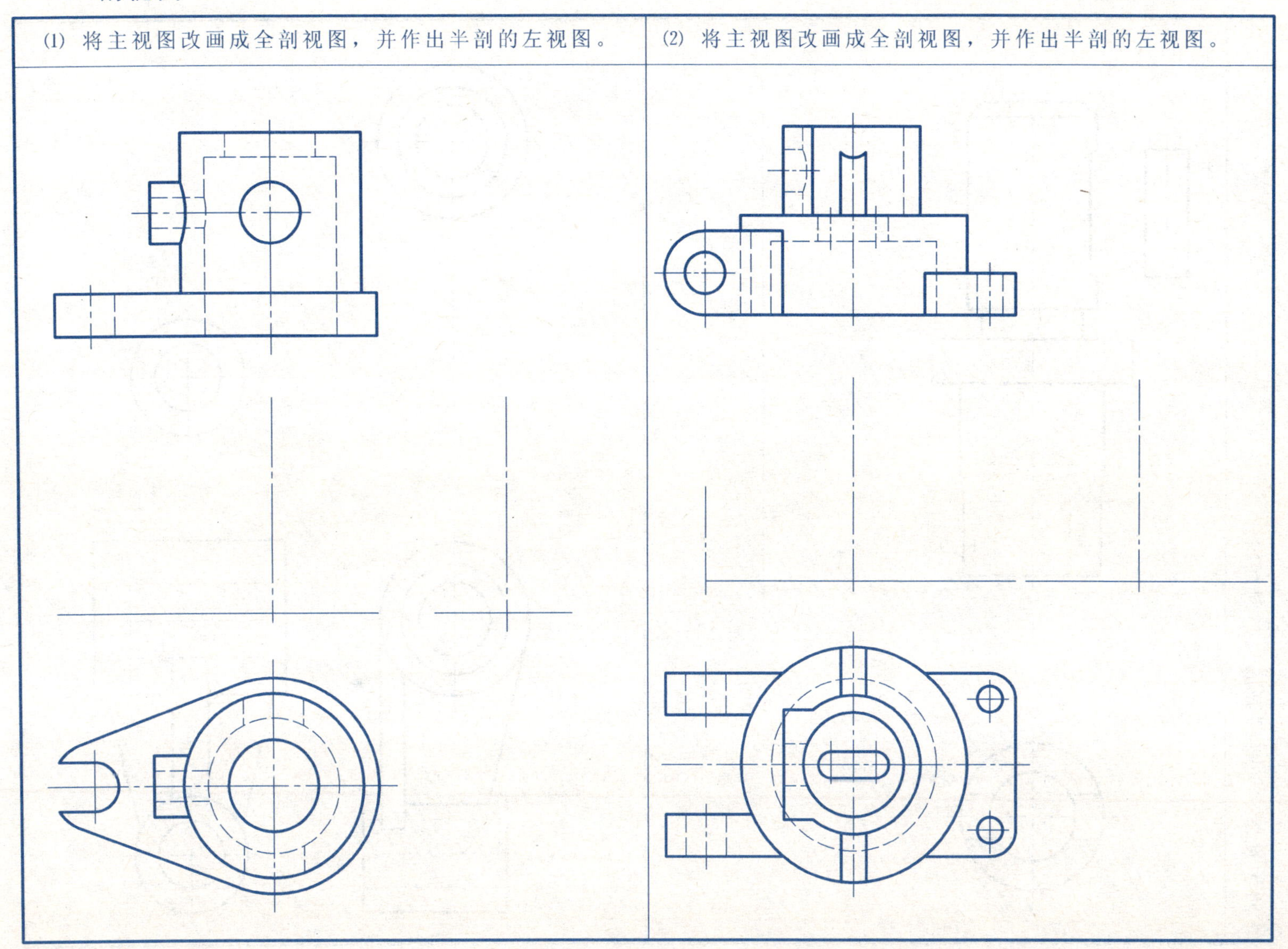

剖视图

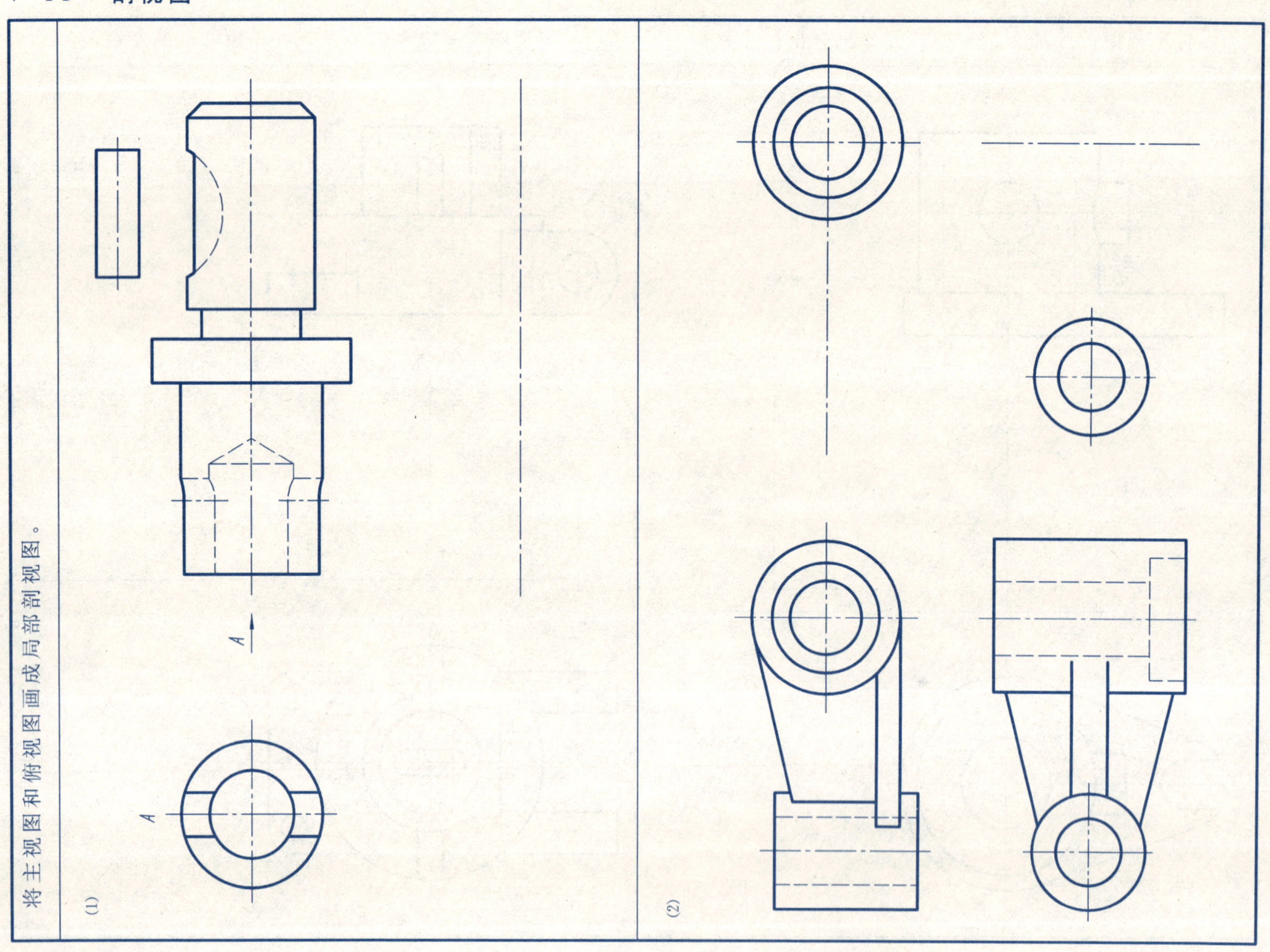

班级　　姓名　　学号

将主、俯视图改画成局部剖视图。

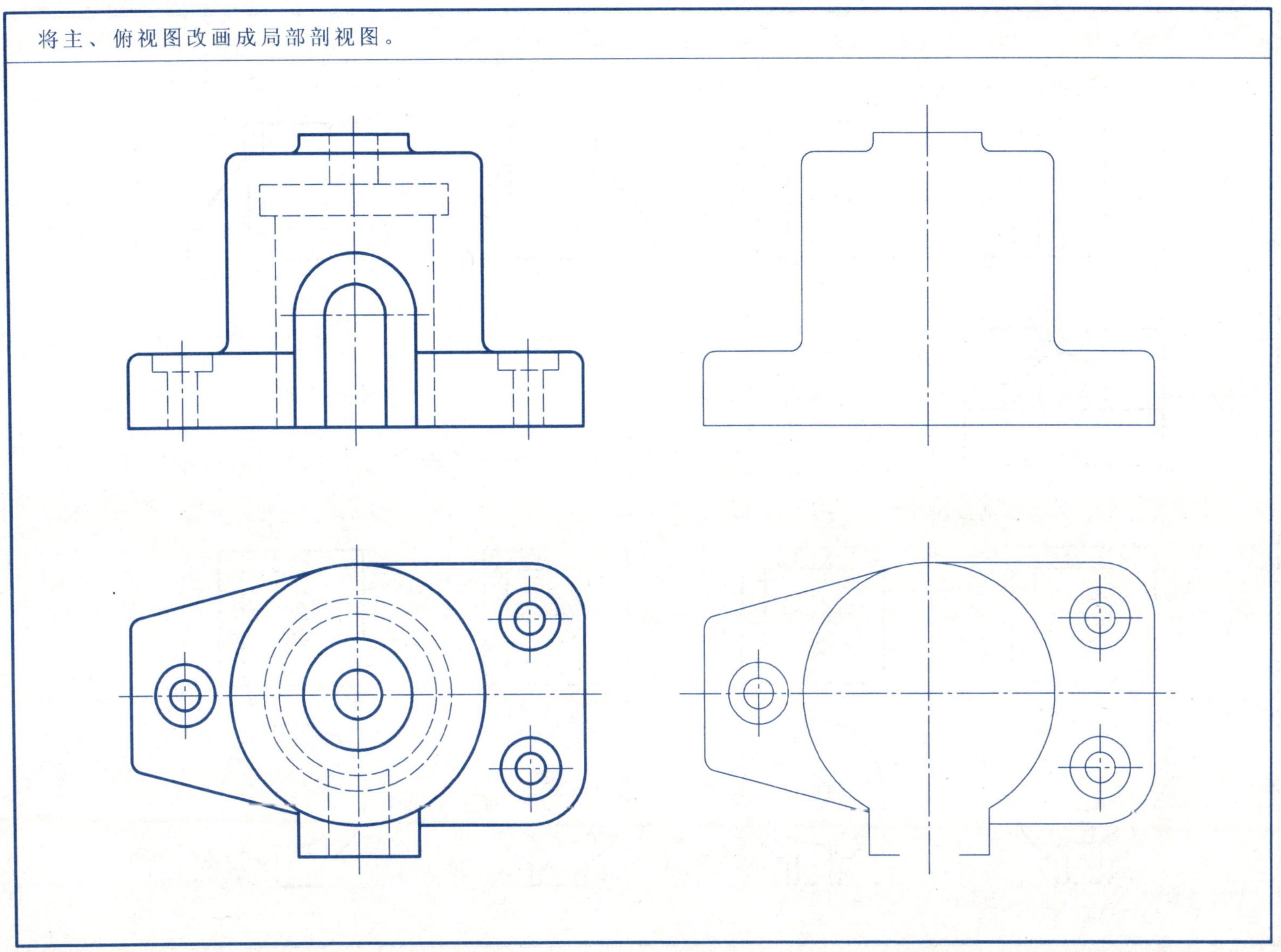

选择正确的答案。

(1) 根据俯视图，选择正确的主视图。(　　)

(2) 选择正确的局部剖视图。(　　)

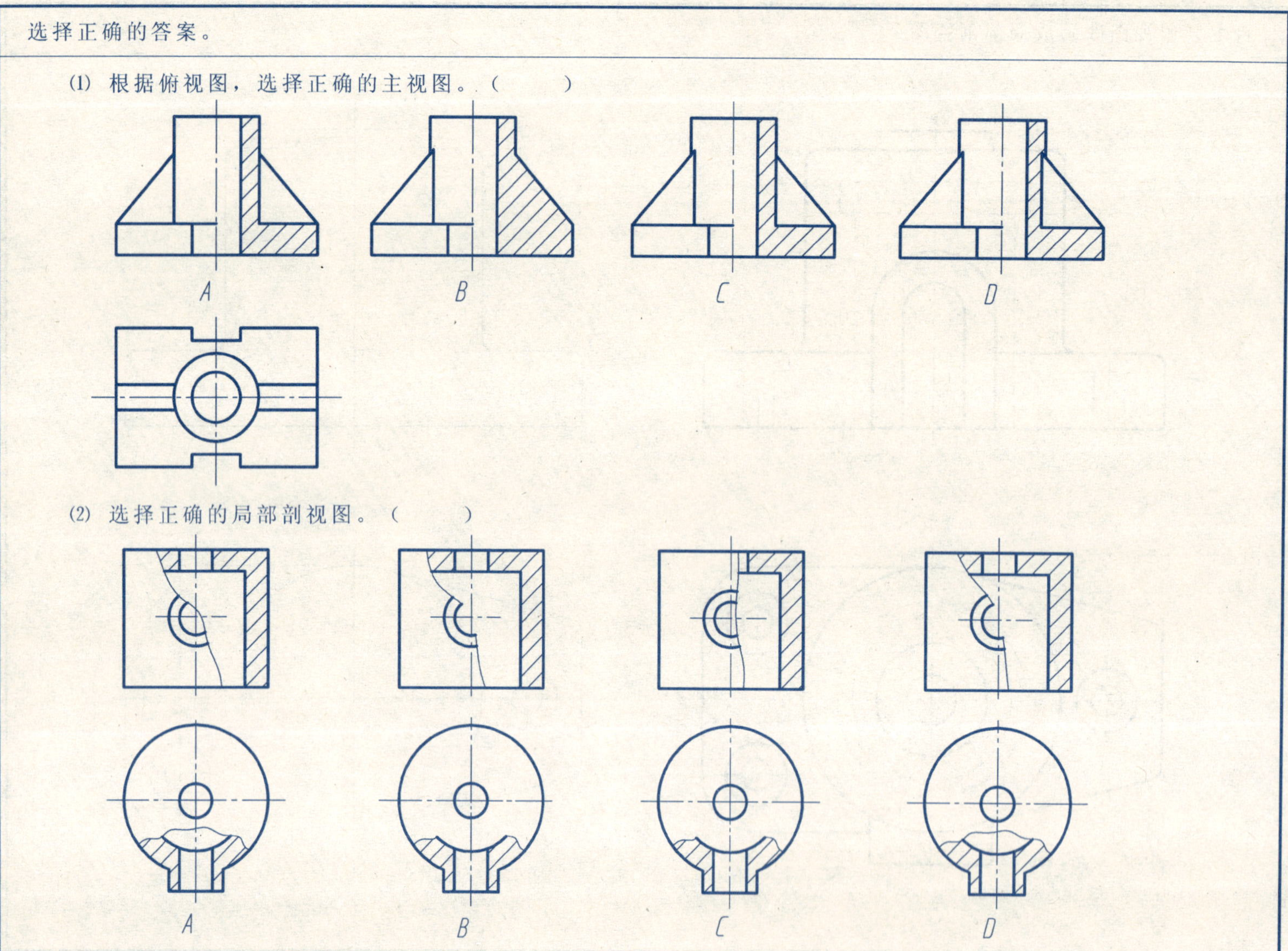

7-14 剖视图

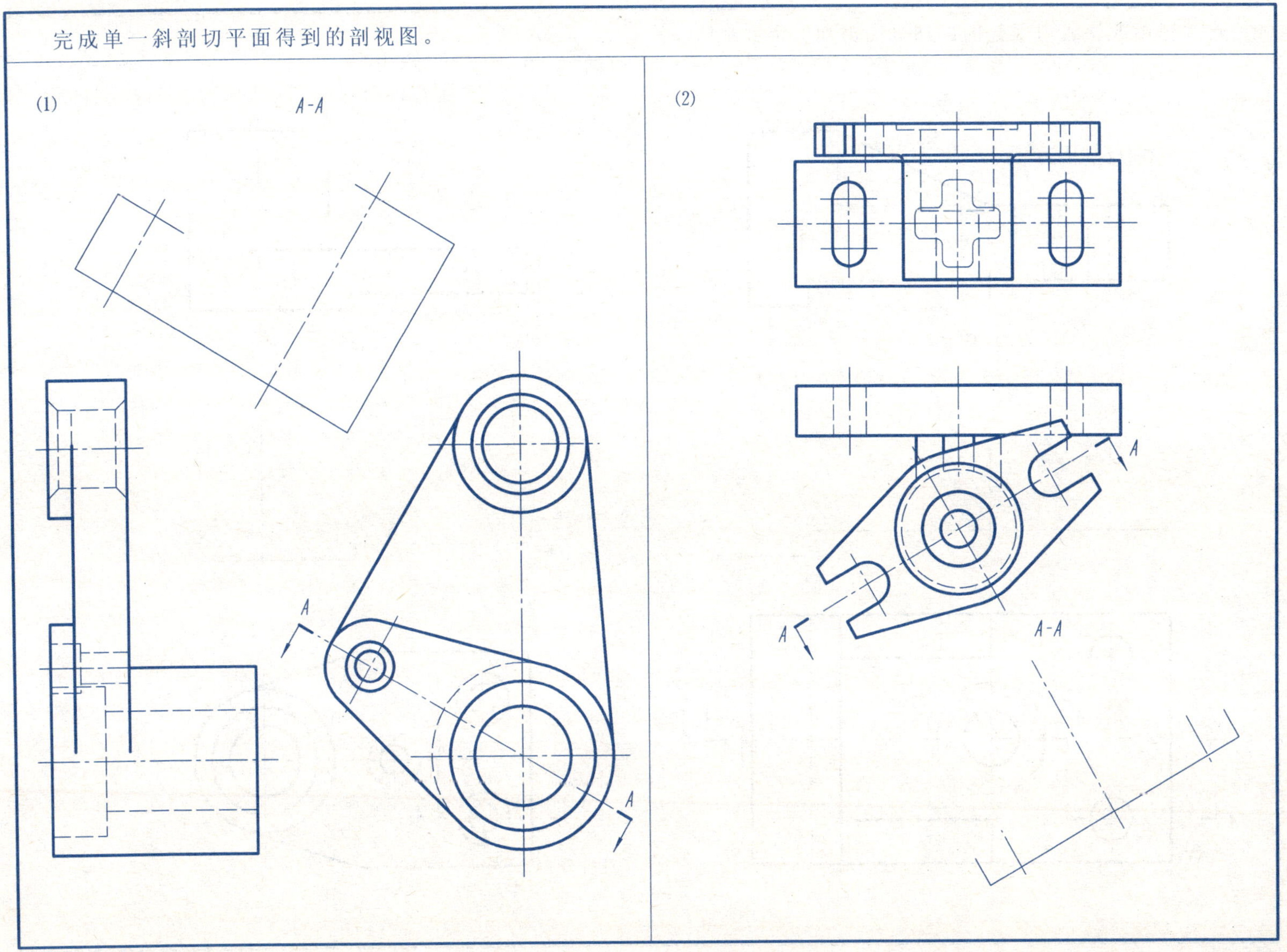

将主视图改画成用平行的剖切平面剖切的全剖视图。

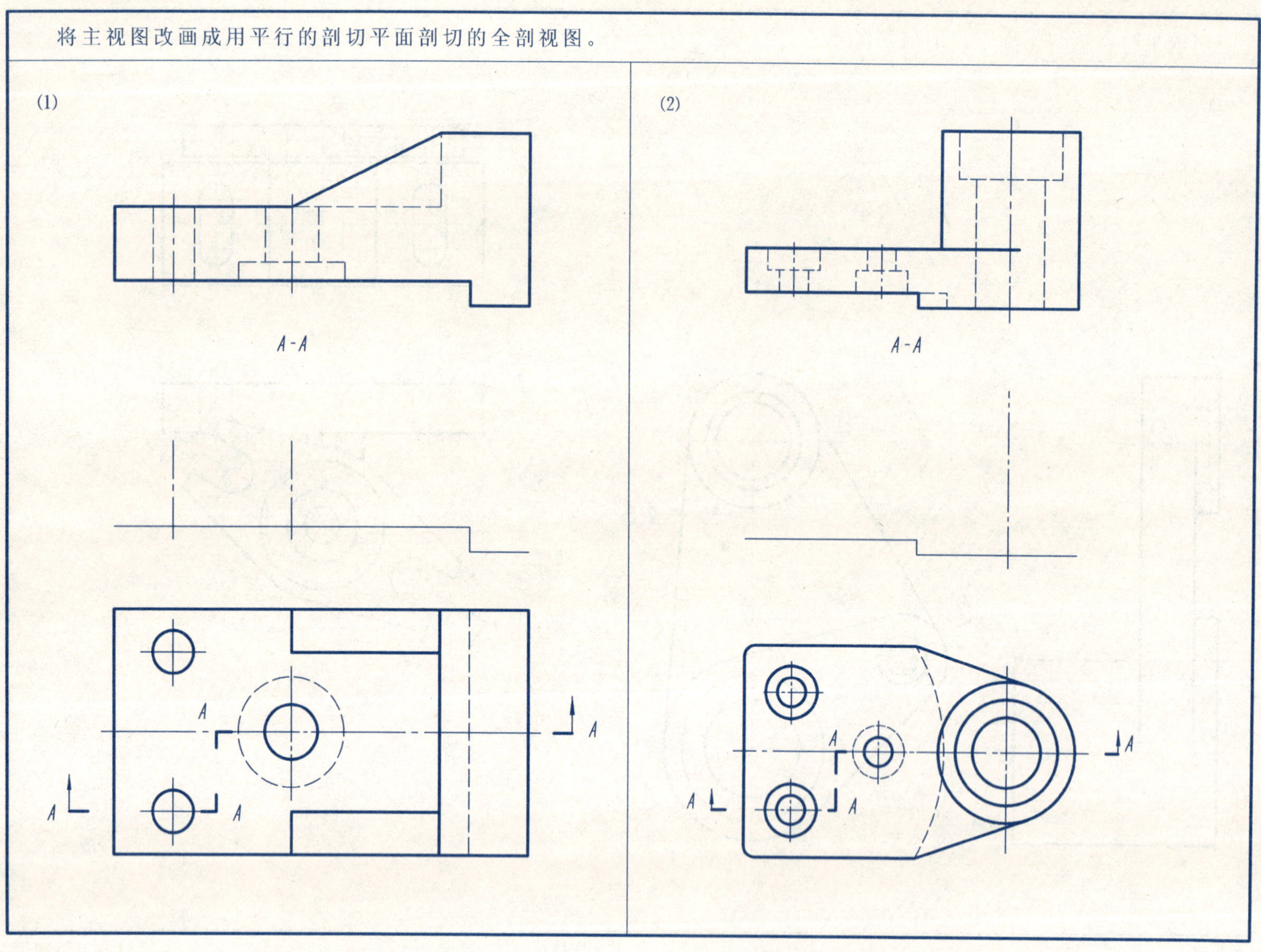

7-16 剖视图

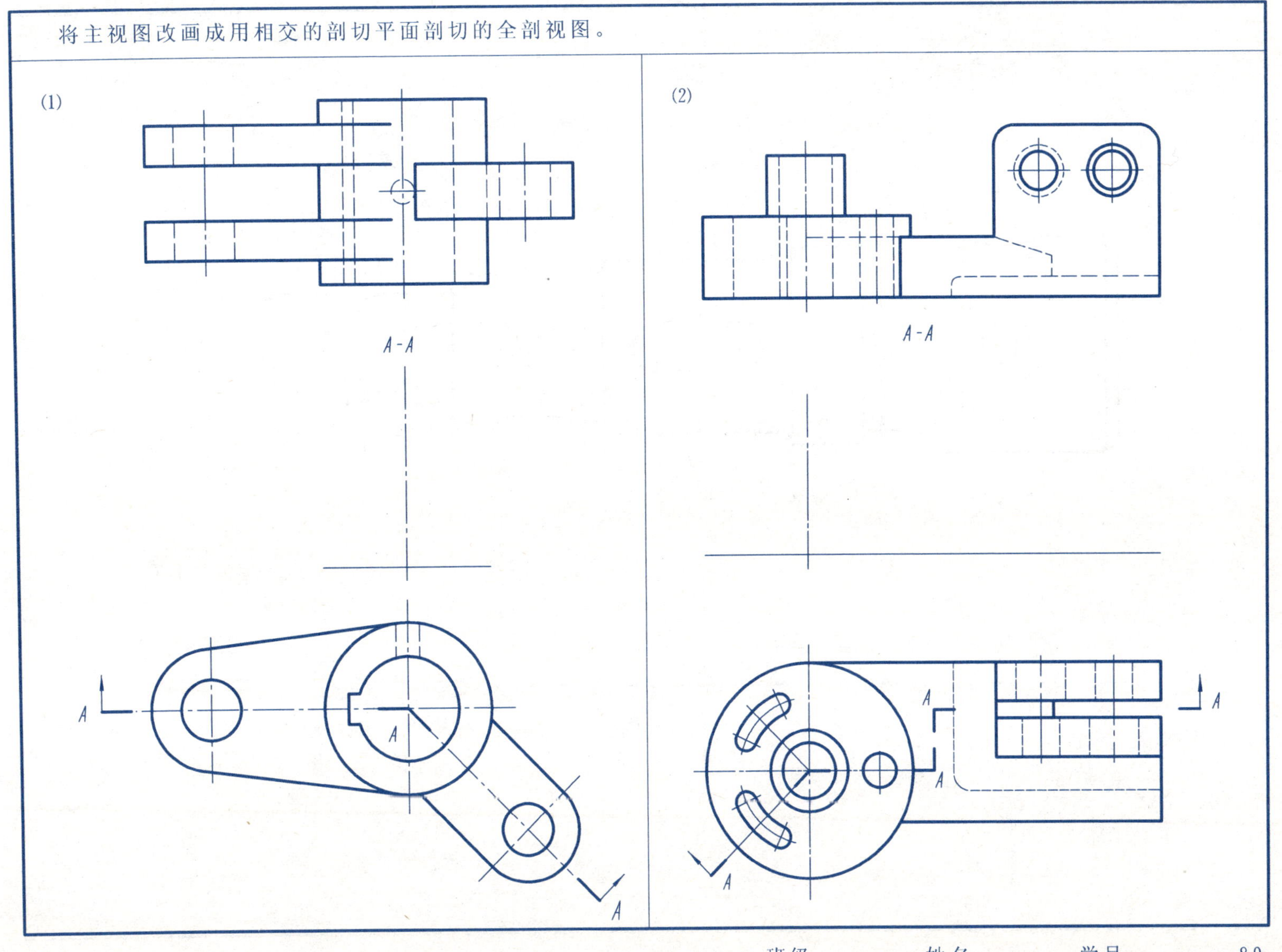

作出指定位置的移出断面图。

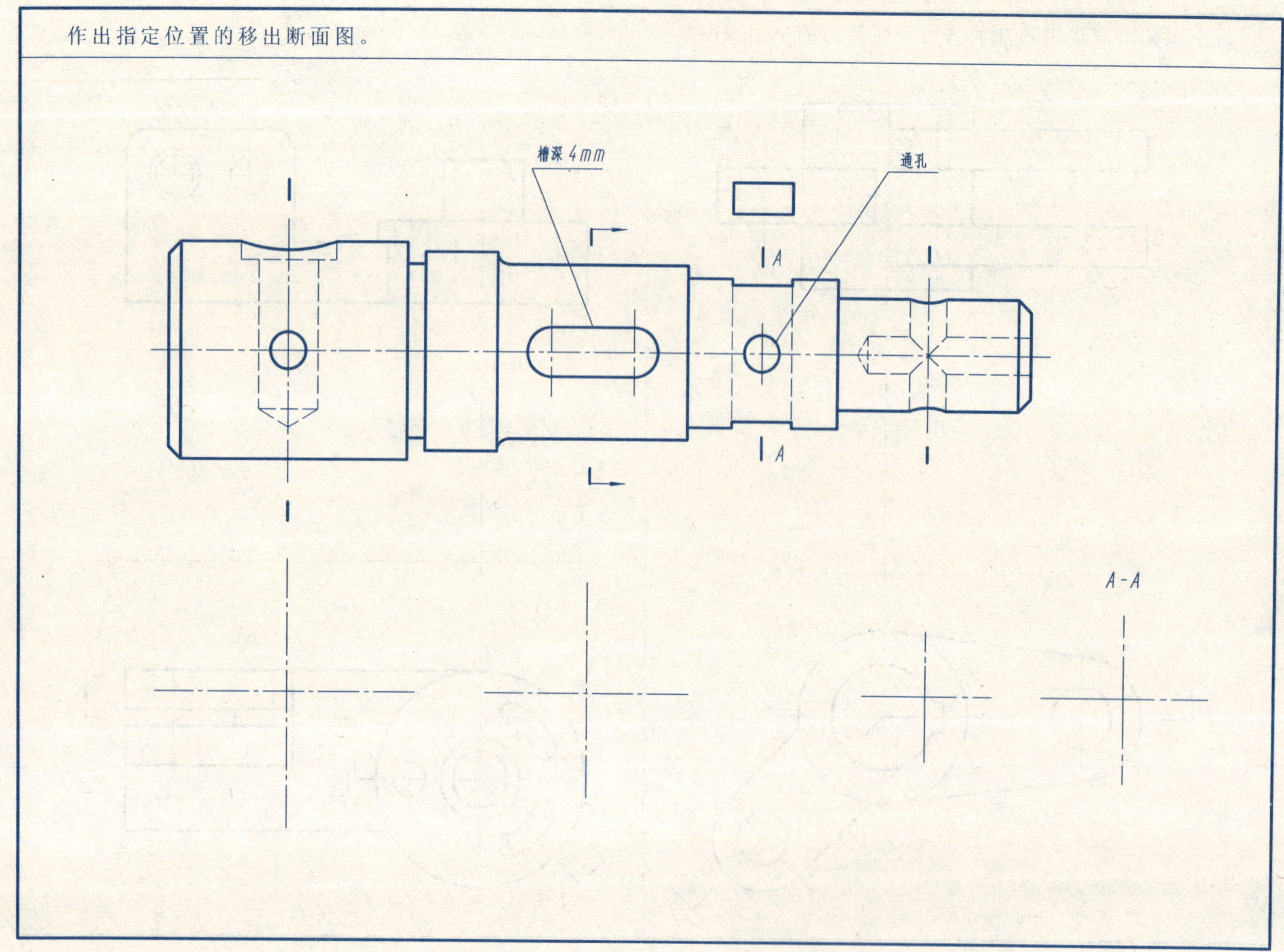

 班级　　姓名　　学号

7-18 断面图

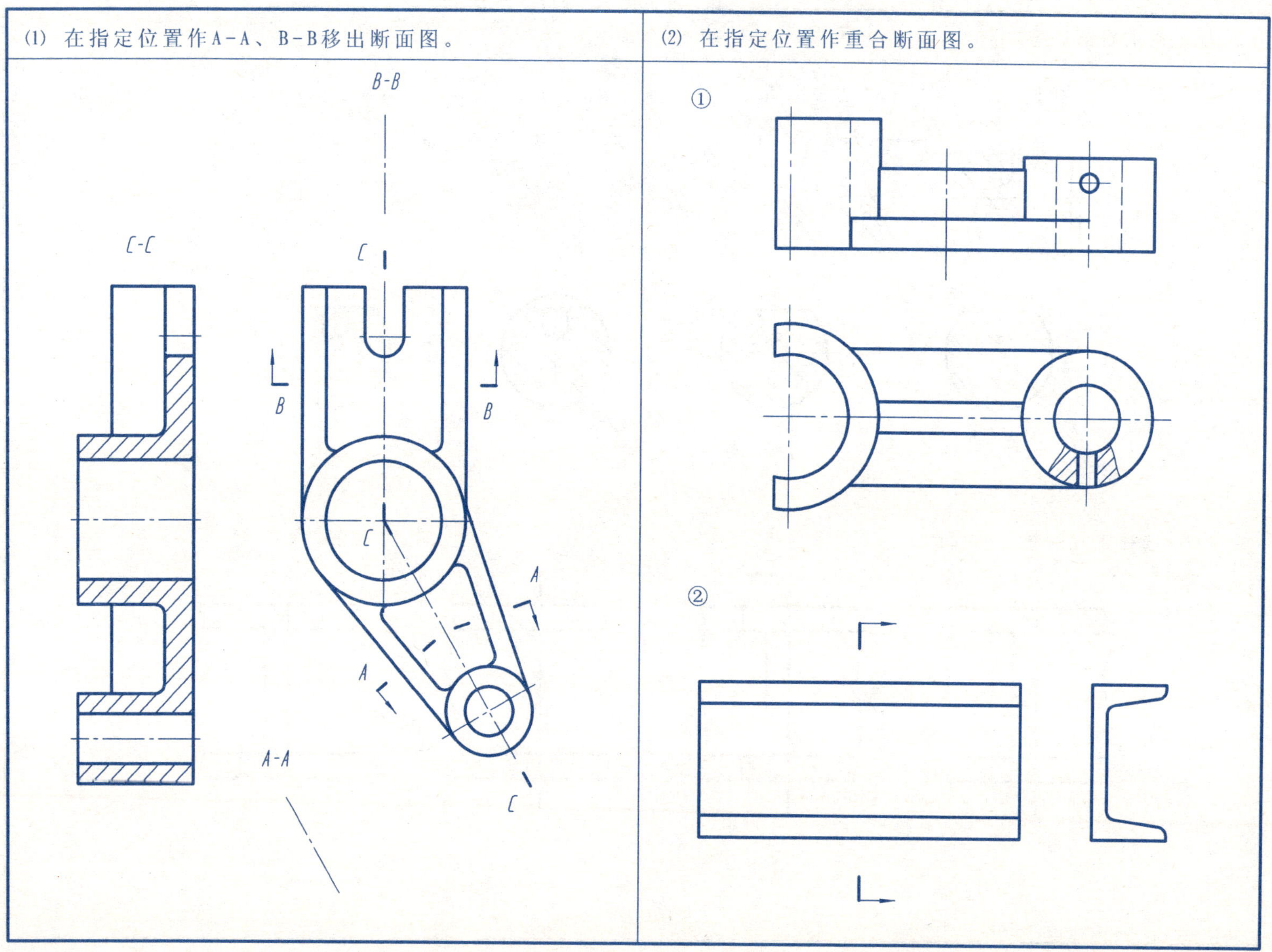

选择正确的答案。

(1) 根据已知的主视图，选择正确的移出断面图。（　　）

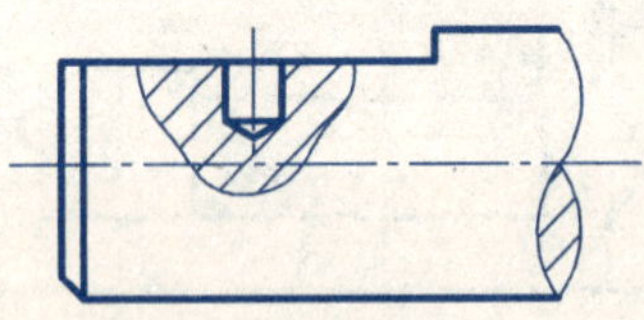

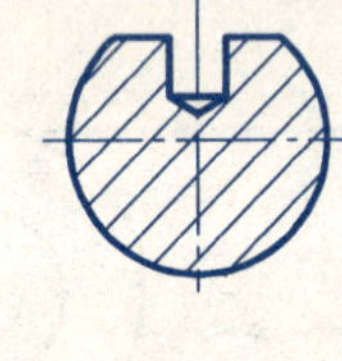

A

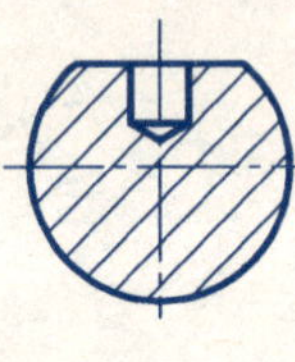

B

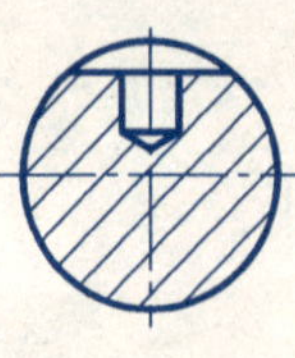

C

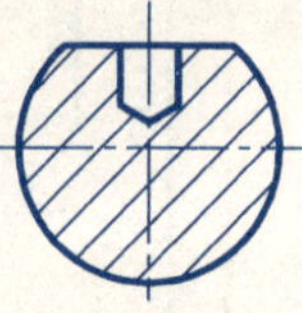

D

(2) 选择正确的重合断面图。（　　）

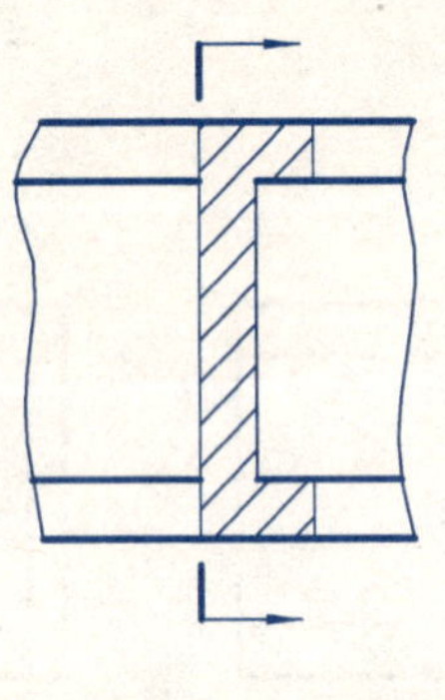

A

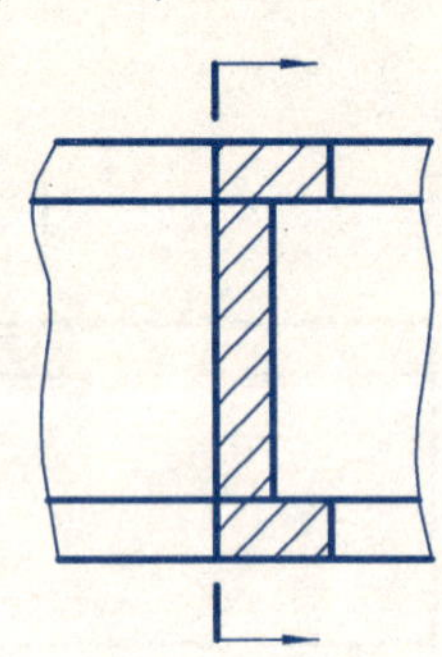

B

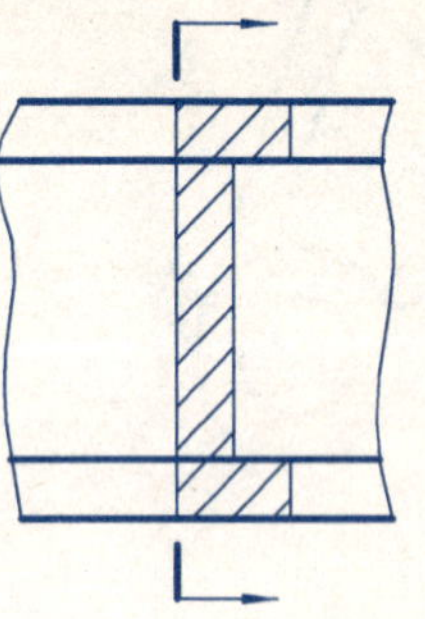

C

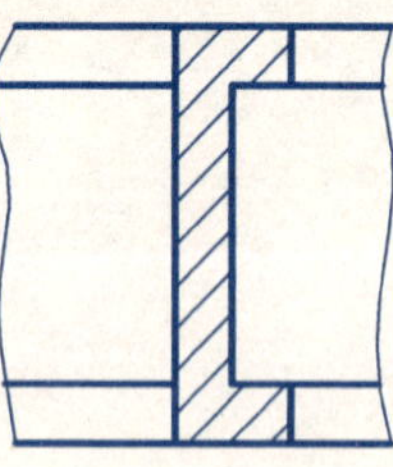

D

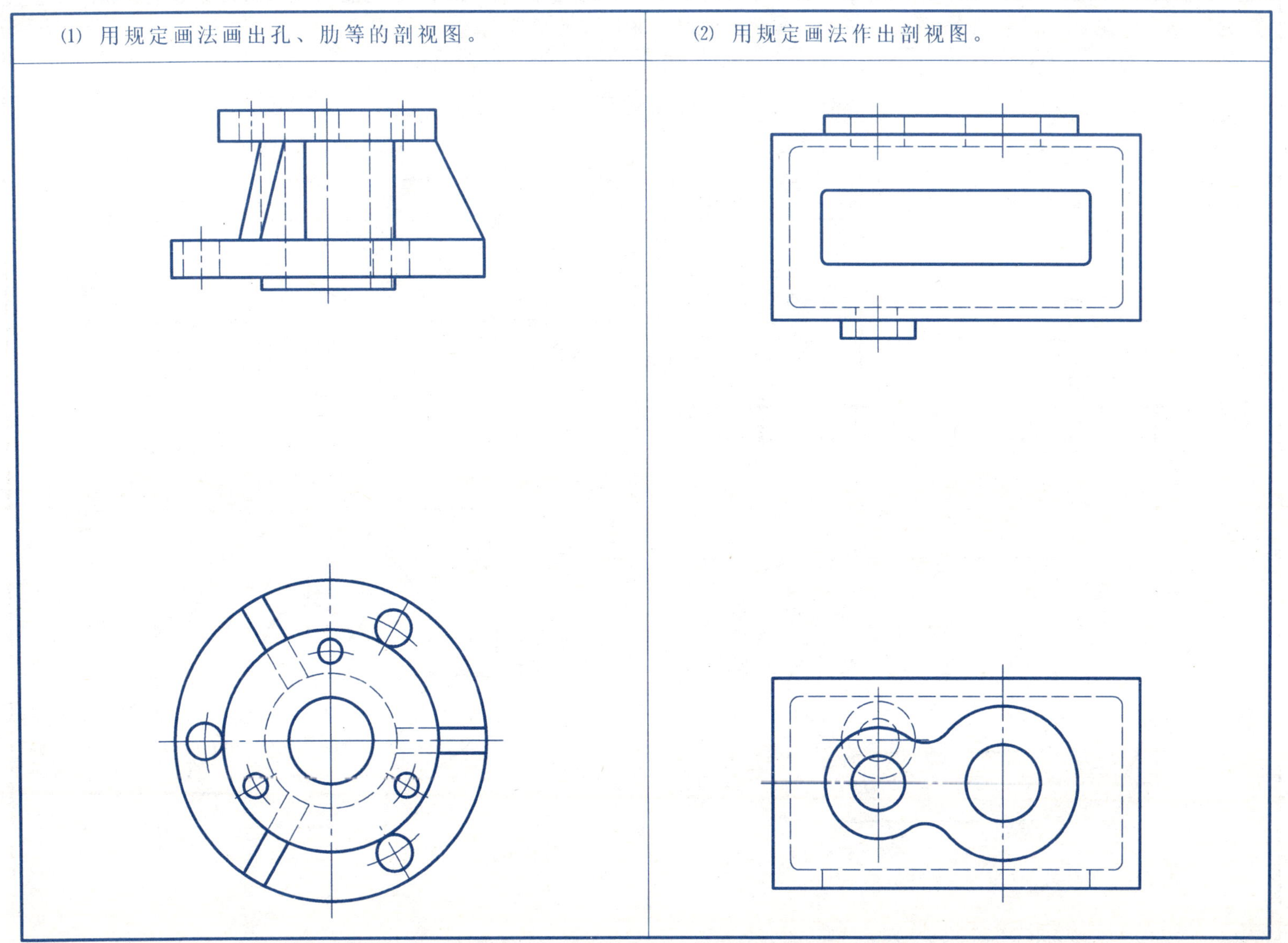
(1) 用规定画法画出孔、肋等的剖视图。
(2) 用规定画法作出剖视图。

7-21 表达方法综合练习

选用适当的表达方法，在A3图纸上用1:1画出该机件，并标注尺寸。

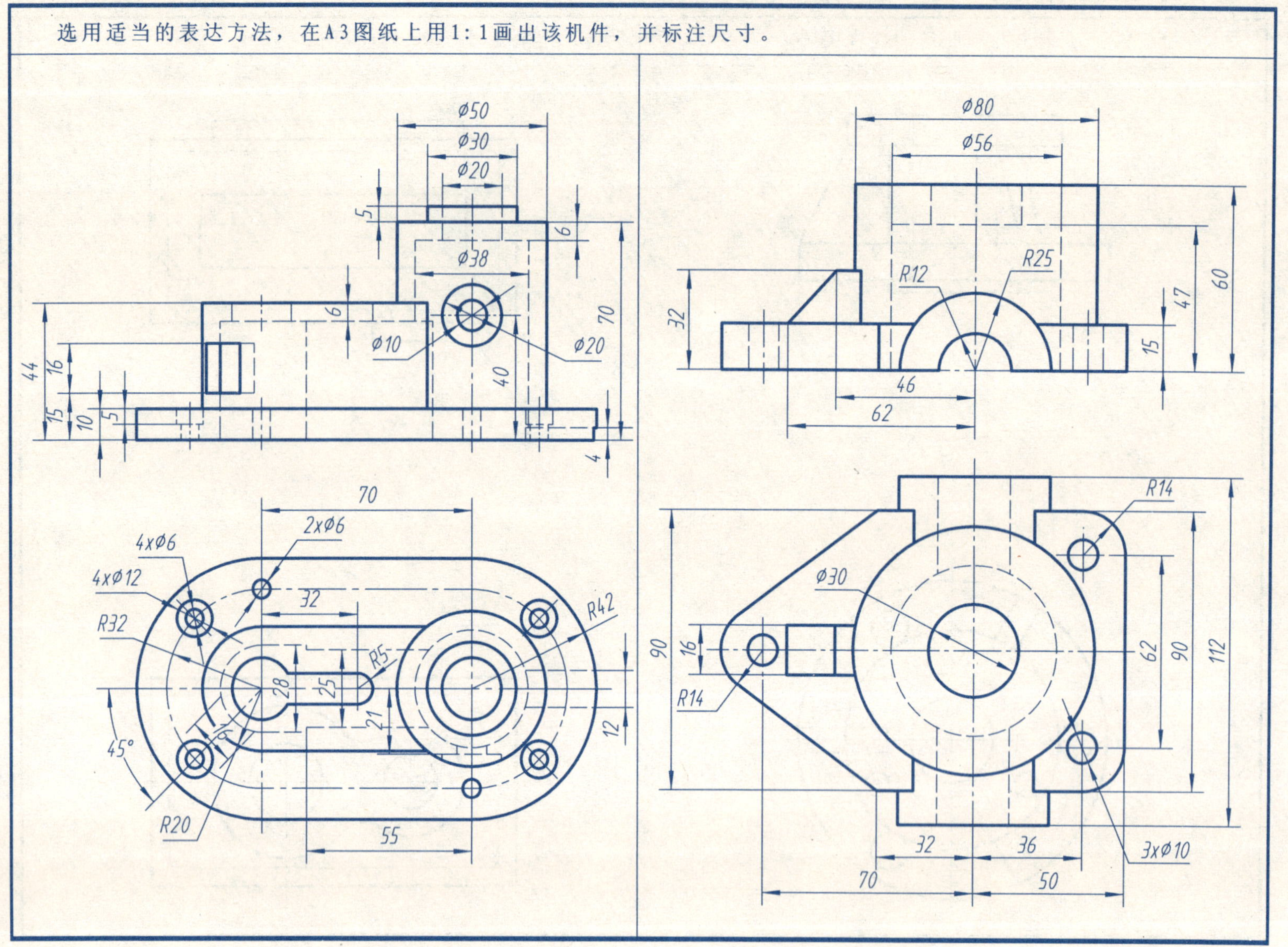

7-22 表达方法的综合练习

选用适当的表达方法，在A3图纸上用1:1画出该机件，并标注尺寸。

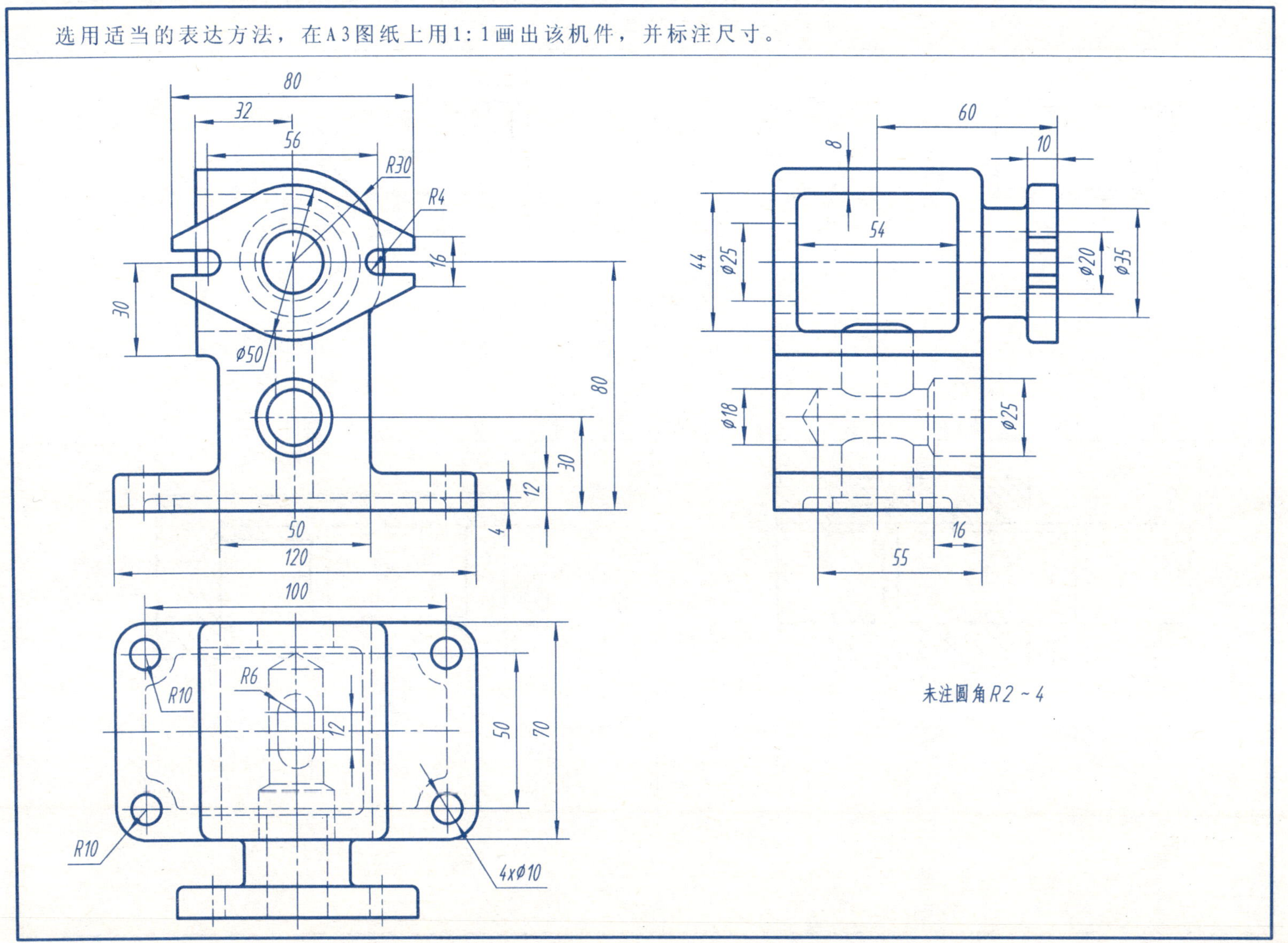

分析下列螺纹规定画法中的错误，将正确画法画在下面位置上。

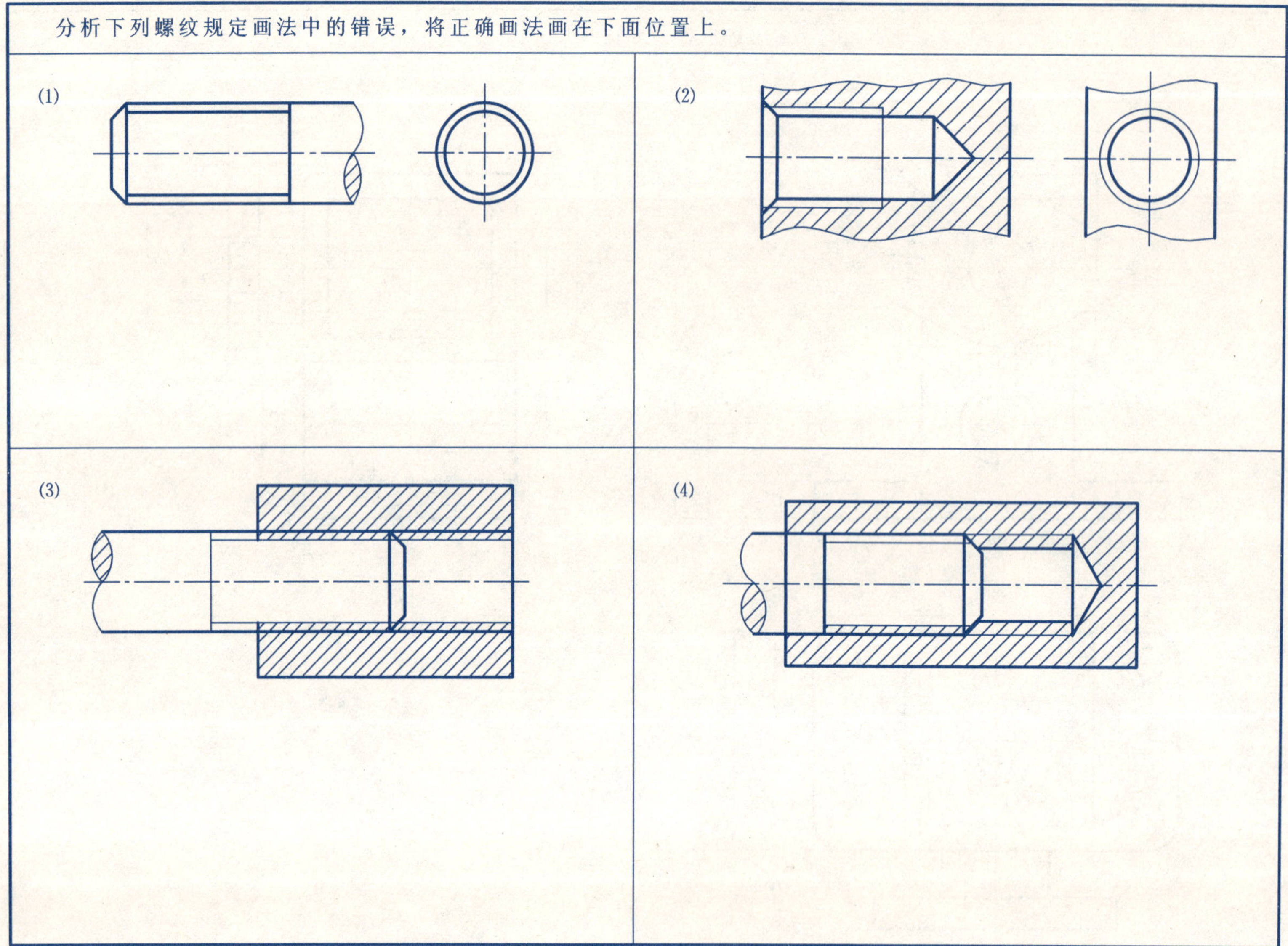

在图中按给定的螺纹要素，标注螺纹的规定标记。

(1) 粗牙普通螺纹，大径16，螺距2，左旋，螺纹公差带代号：中径5g，大径6g，中等旋合长度。

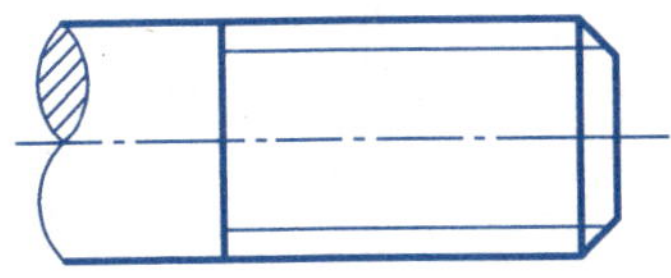

(2) 细牙普通螺纹，大径12，螺距1.5，右旋，螺纹中径和顶径公差带代号均为6H，中等旋和长度。

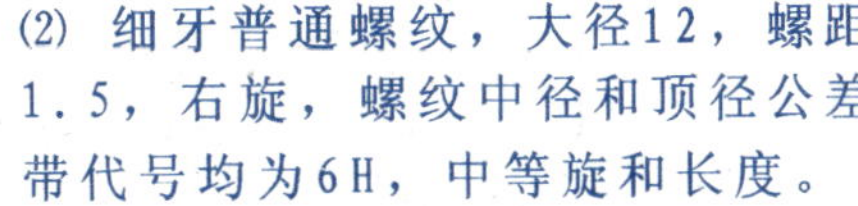

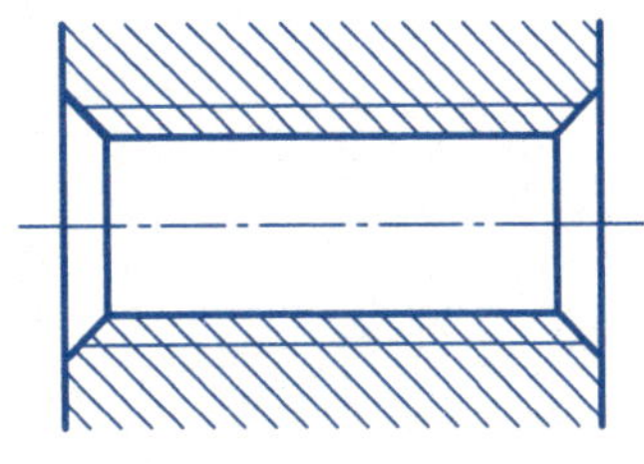

(3) 梯形螺纹，大径16，螺距4，双线，左旋，中径公差带代号7e。

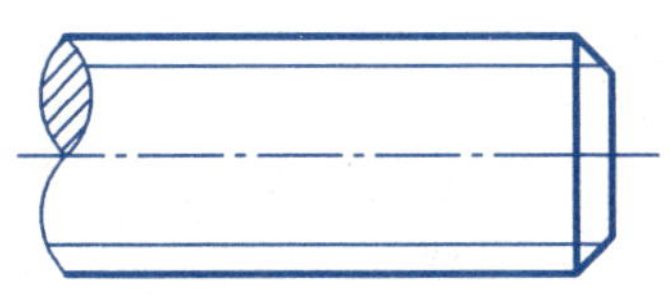

(4) 非螺纹密封的圆柱管螺纹，尺寸代号为3/4，左旋，公差等级A级。

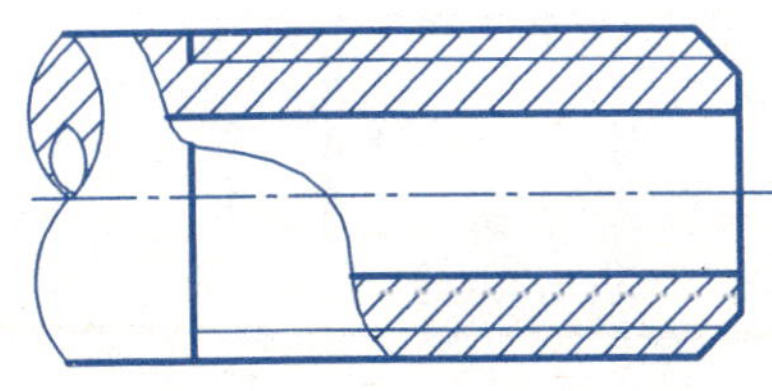

(5) 螺纹密封的锥管内螺纹，尺寸代号为1/2，左旋。

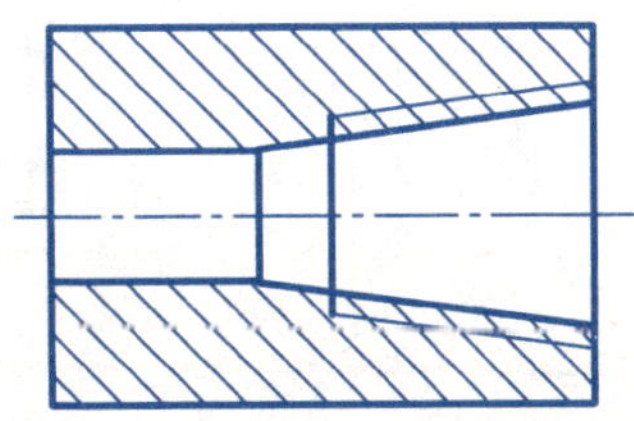

(6) 锯齿形螺纹，大径50，双线，导程16，右旋，中径公差带代号8e，长旋合长度。

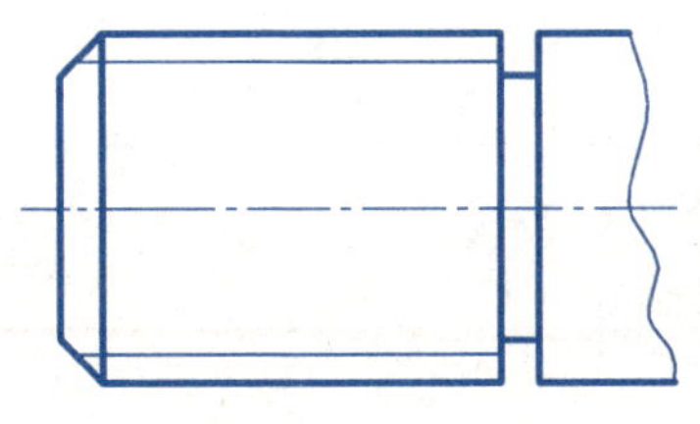

8－3 螺纹及螺纹紧固件

(1) 解释下列螺纹标记的含义。

螺纹标记	螺纹种类	大径	螺距	导程	线数	旋向	公差带代号		旋合长度
							中径	顶径	
M16-5H-L									
M20×2-5g6g-LH									
Tr32×12(P6)LH-7H									
B40×14(P7)-8e-L									

(2) 螺纹紧固件查表及标注

①A级六角头螺栓：螺纹规格d=M12，公称长度L=40 mm。

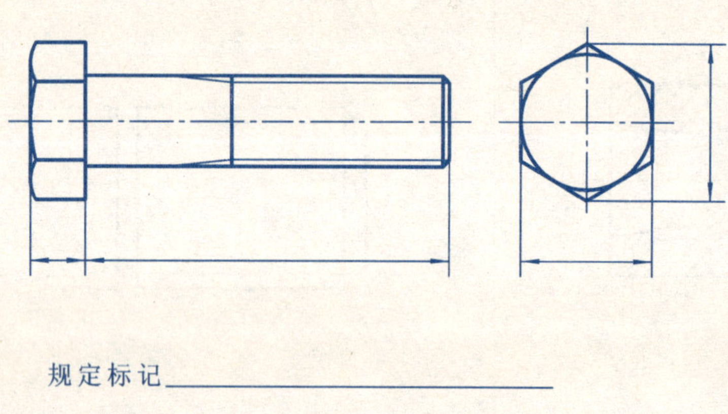

规定标记________________

②A型双头螺柱：螺纹规格d=M12，公称长度L=40 mm，旋入端深度b_m=1.25d。

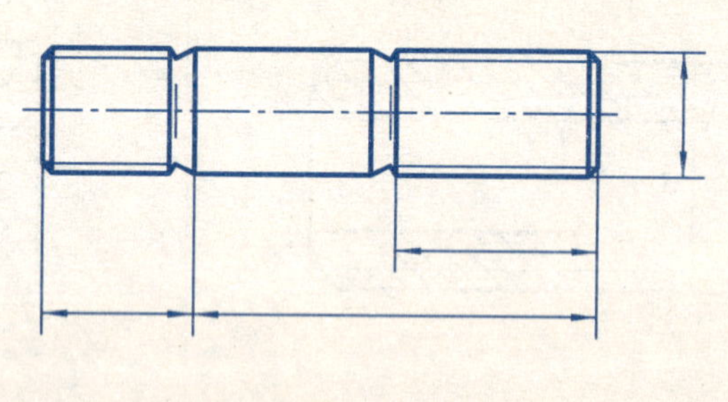

规定标记________________

 班级 姓名 学号

用简化画法完成下列螺纹紧固件连接图。

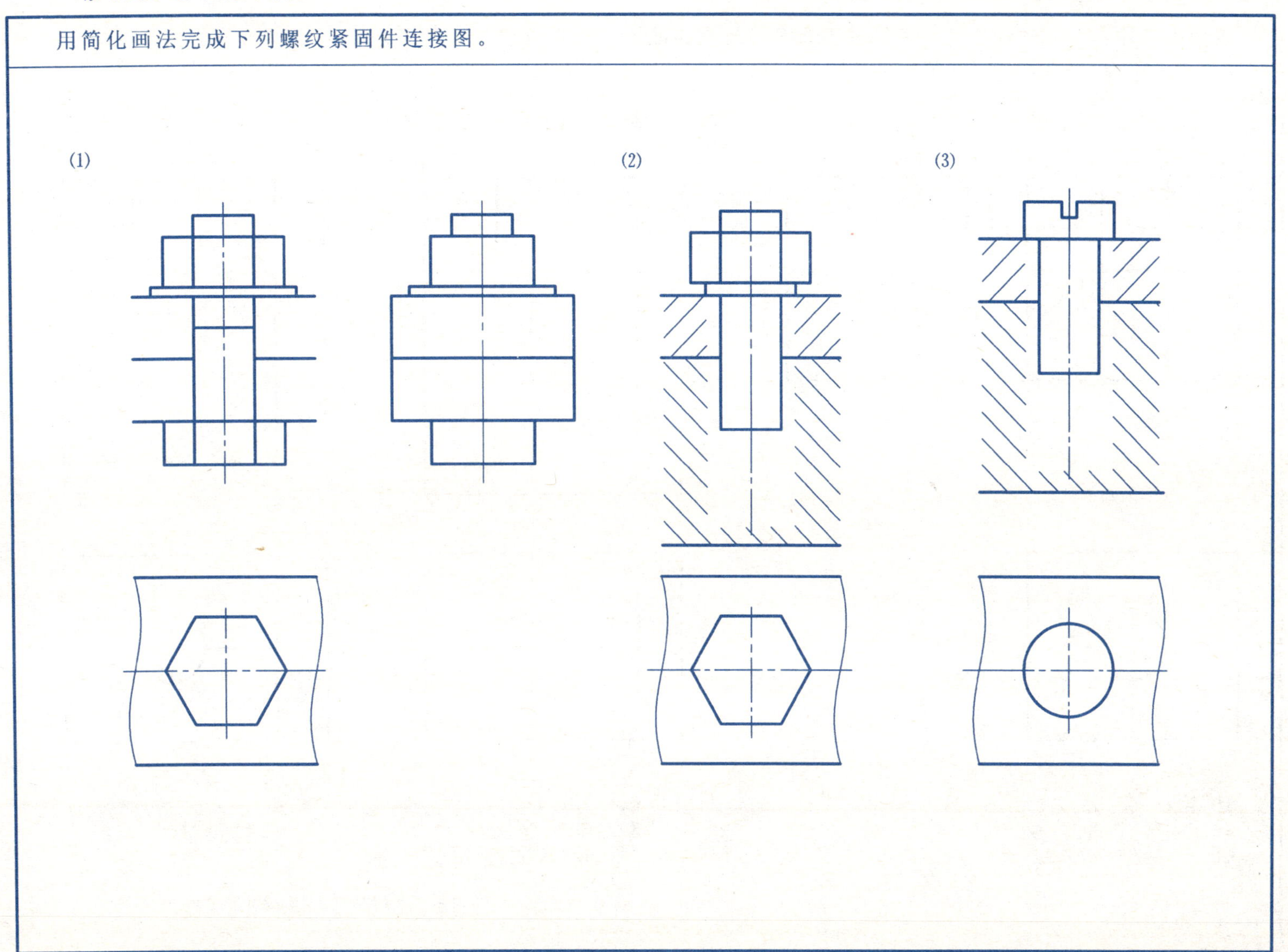

用比例画法在A3图纸上画出下列螺纹紧固件的连接装配图，并注出螺纹紧固件的规定标记。

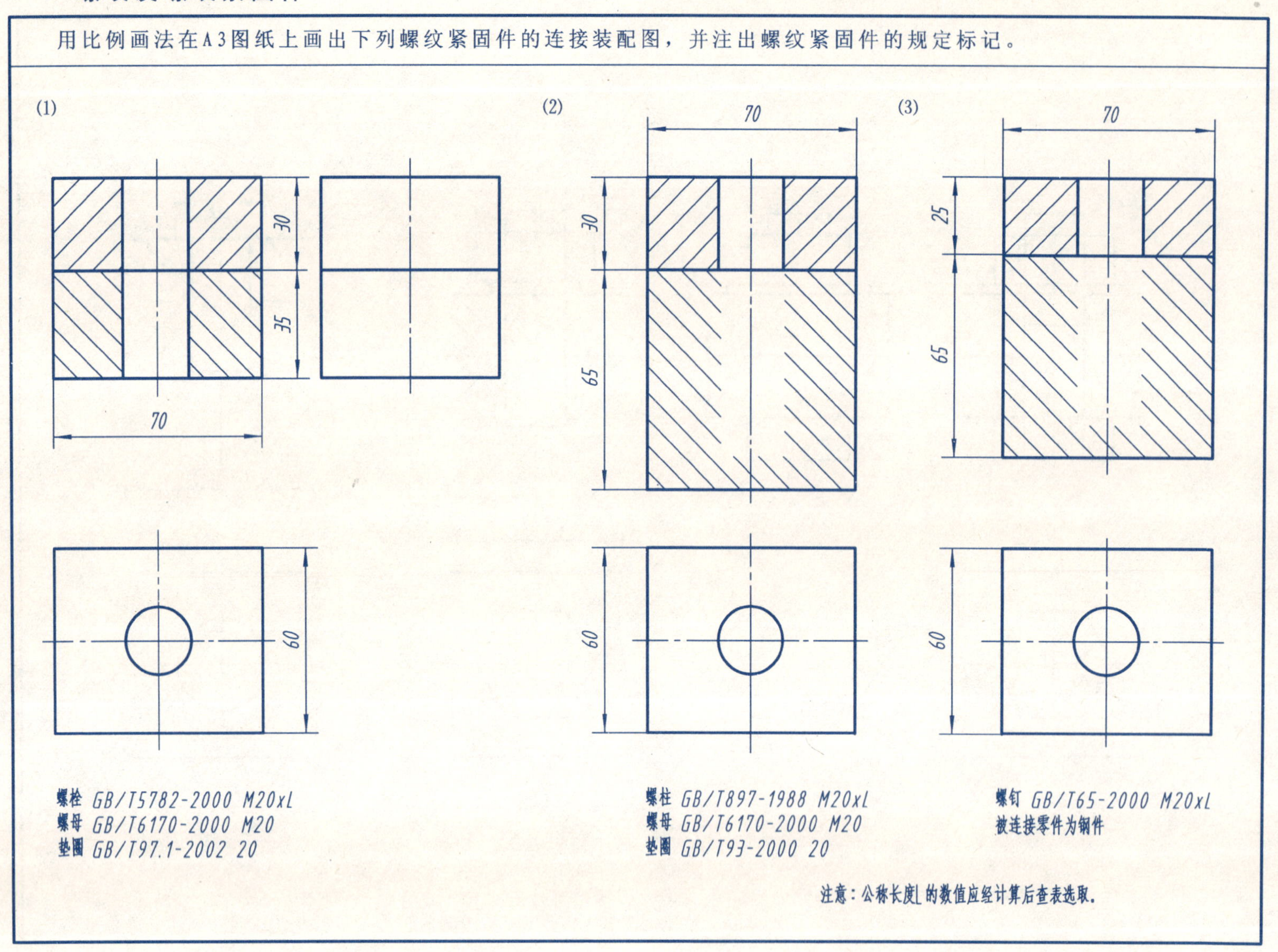

 班级 姓名 学号

8-6 键、齿轮、滚动轴承

(1) 一直齿圆柱齿轮与轴用普通平键连接，轴径φ25，齿轮齿数16，模数为4，查表确定键槽尺寸，画出轴的A－A断面图、齿轮两视图，标注有关尺寸。

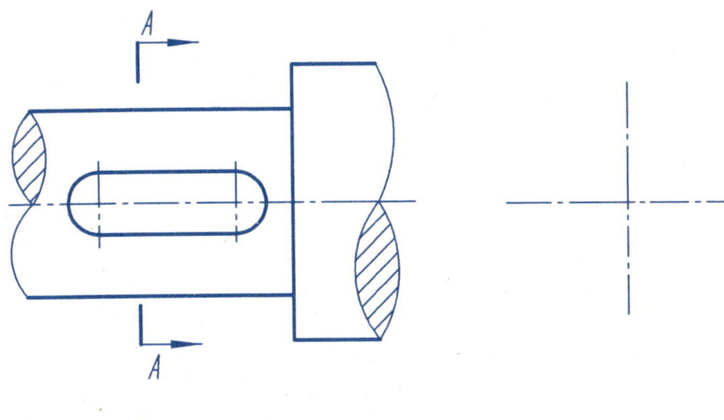

(2) 滚动轴承6308 GB/T276—1994，按代号查表后，用规定画法绘制该轴承。

根据齿轮已知参数计算其尺寸后填在表中，并画出两齿轮的啮合图（比例1:2）

已知：模数 m=4，齿数 $Z_1=30$，$Z_2=18$。

	大齿轮	小齿轮
分度圆直径 d		
齿顶圆直径 d_a		
齿根圆直径 d_f		
中心距 a		

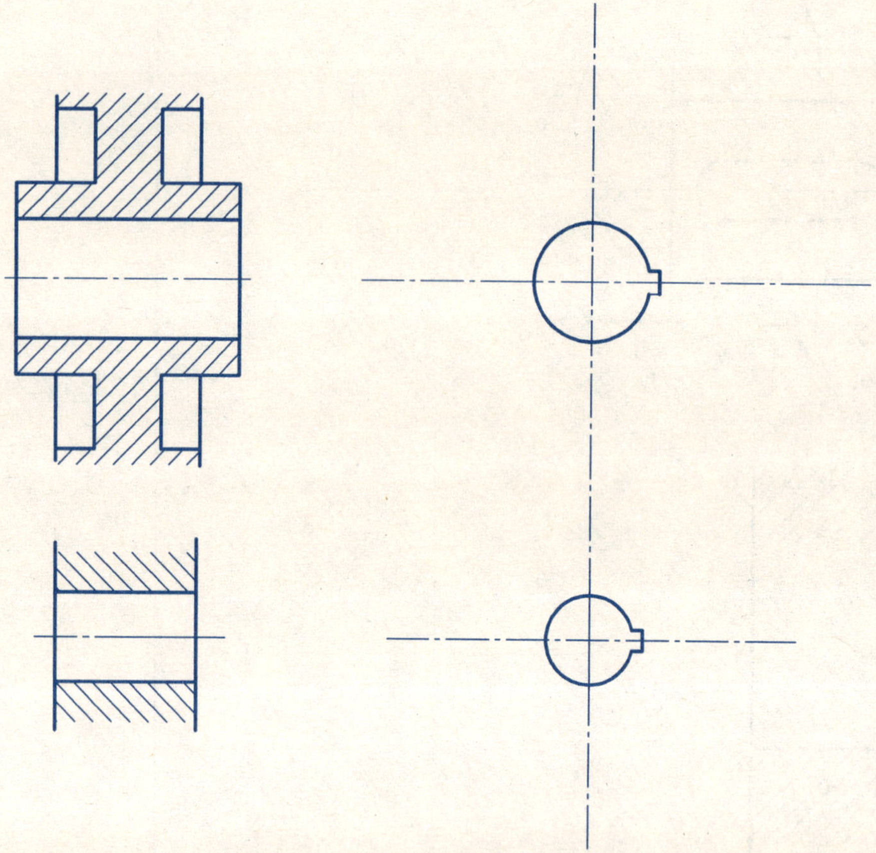

在A3图纸上用1:1的比例，根据图中连接件的代号，完成图示装置的连接图（图中比例1:2）

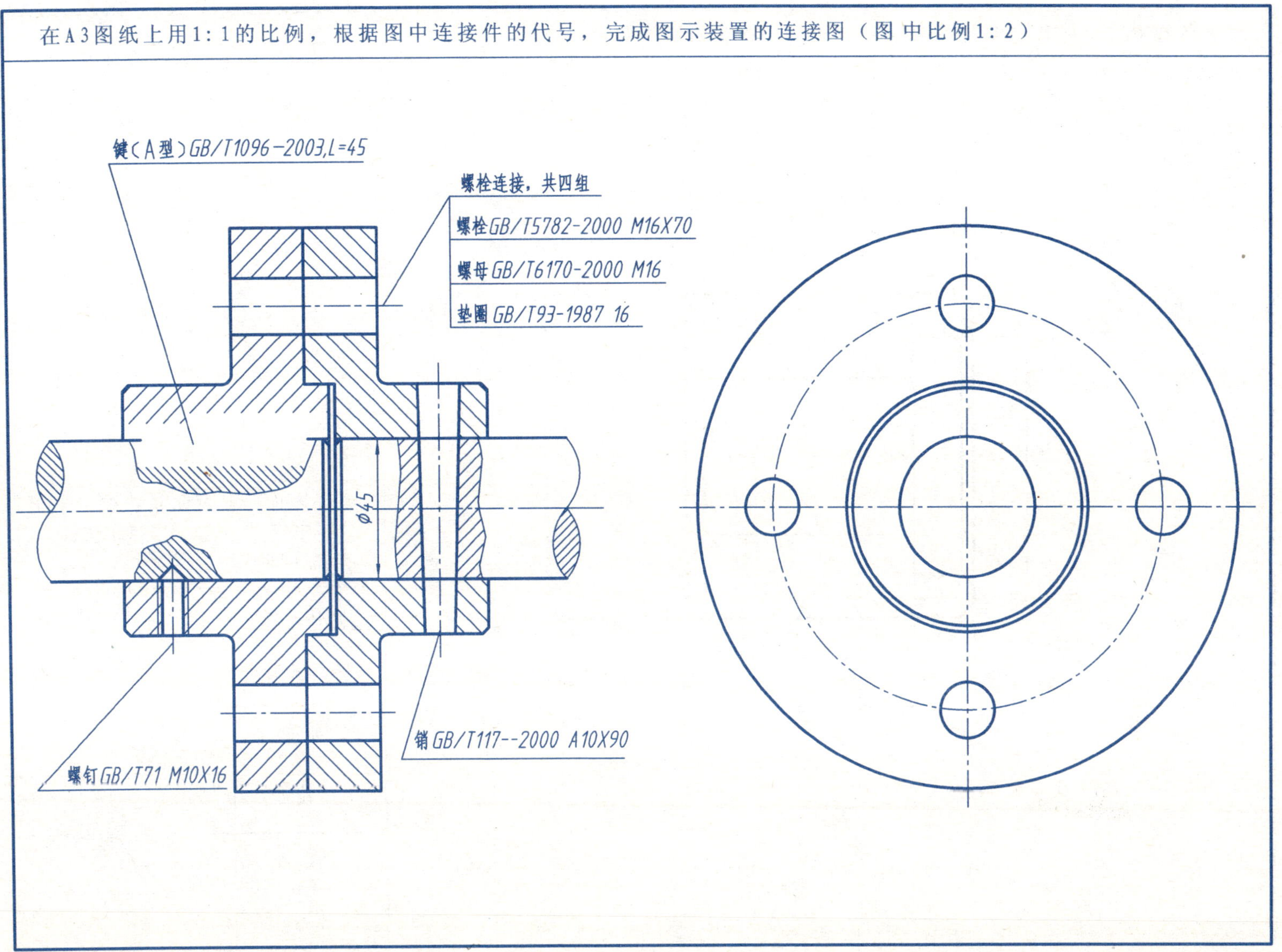

9-1 表面结构要求

根据表中给出的各表面Ra数值，在图中标注各表面结构要求。

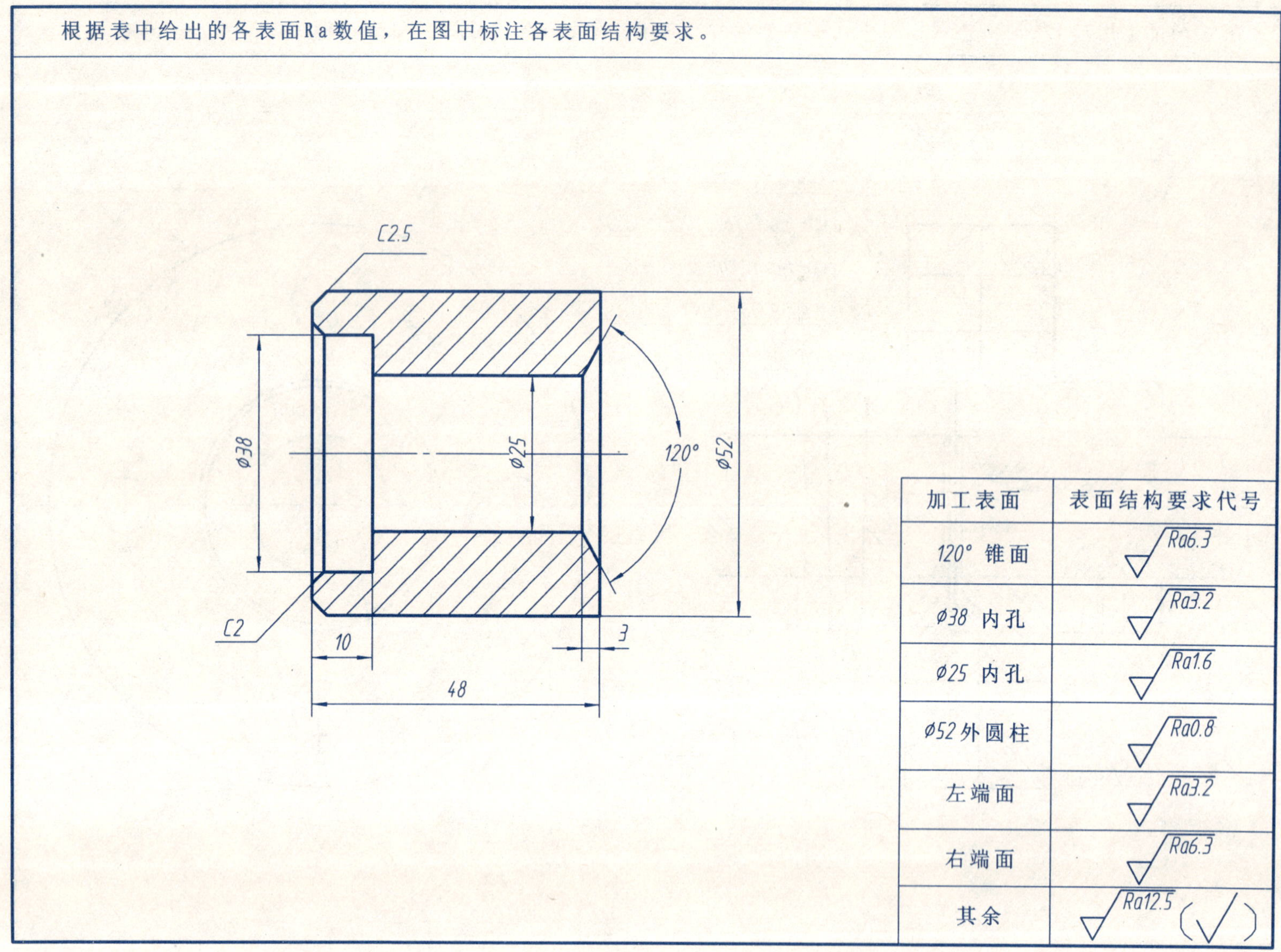

加工表面	表面结构要求代号
120° 锥面	Ra6.3
⌀38 内孔	Ra3.2
⌀25 内孔	Ra1.6
⌀52 外圆柱	Ra0.8
左端面	Ra3.2
右端面	Ra6.3
其余	Ra12.5 (√)

配合尺寸的说明、查表及标注练习。

(1) 试说明配合尺寸$\phi 28\frac{H7}{n6}$ 的含义。

① $\phi 28$ 表示____________；

② $n6$ 表示____________；

③ n 表示____________；

④ 6、7 表示____________；

⑤ 此配合是______制______配合。

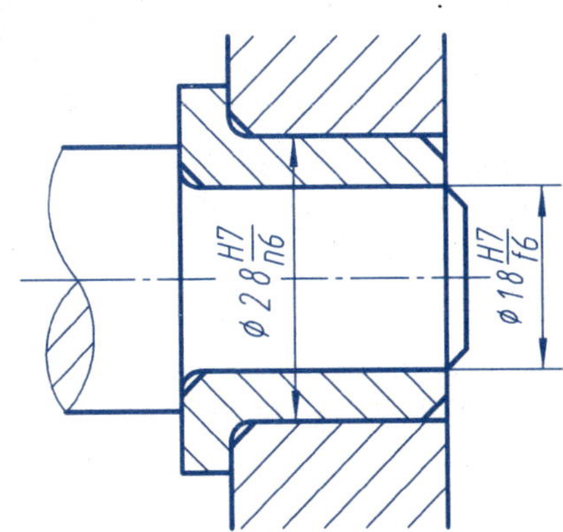

(2) 根据装配图所注的配合尺寸，分别在相应的零件图上注出其基本尺寸和公差带代号。

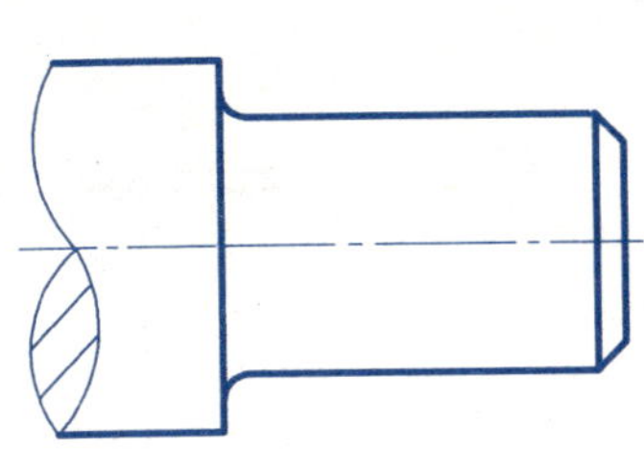

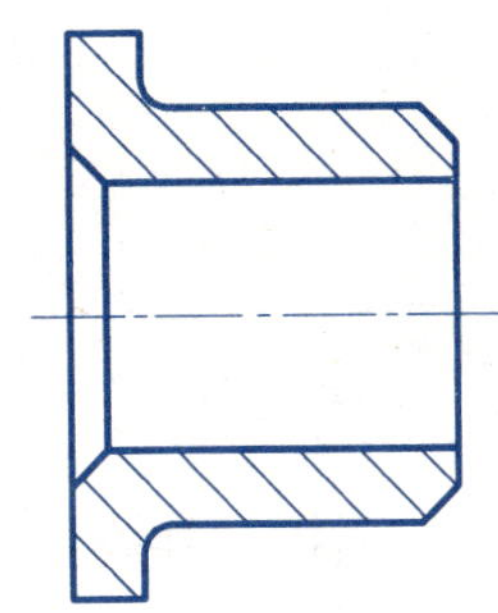

(3) 查表算出配合尺寸 $\phi 18\frac{H7}{f6}$ 的最大、最小极限尺寸。

孔： 最大极限尺寸为__________； 最小极限尺寸为__________。

轴： 最大极限尺寸为__________； 最小极限尺寸为__________。

根据给定的基准制、公差等级和基本偏差代号，在装配图中标注尺寸和配合代号，并在零件图上标注尺寸及极限偏差数值。

(1)齿轮孔与轴：

基本尺寸为φ14，采用基轴制过渡配合；齿轮孔的基本偏差代号为K，公差等级为7级；轴的公差等级为6级。

(2) 圆柱销与销孔：

基本尺寸为φ5，采用基孔制过渡配合；销的基本偏差代号为n，公差等级为6级；销孔的公差等级为7级。

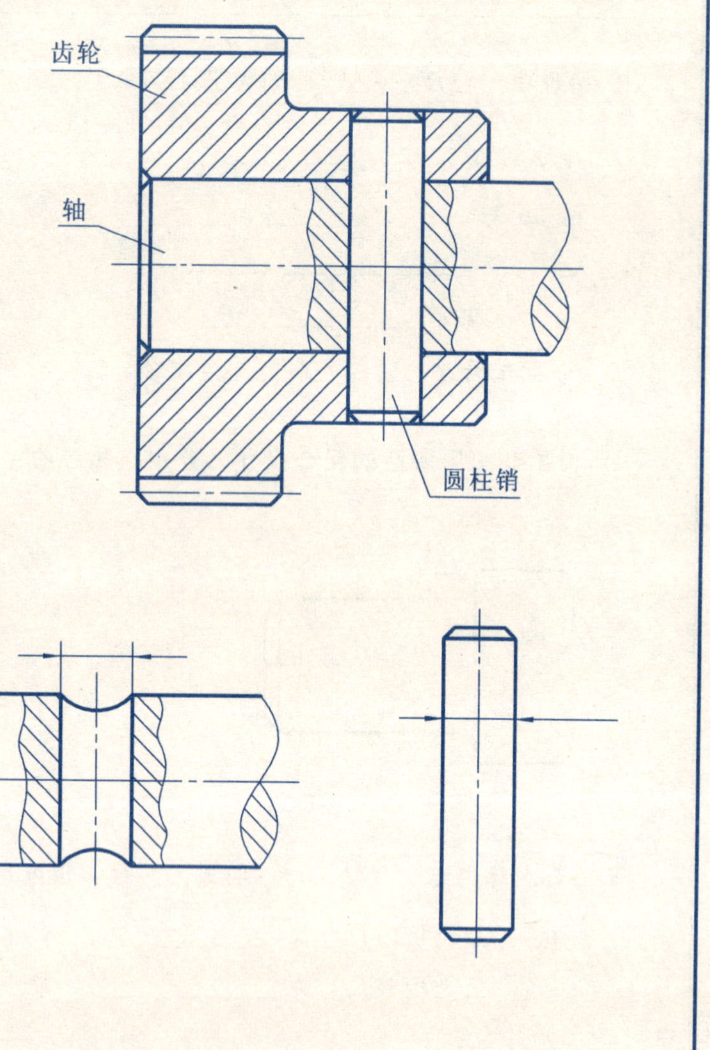

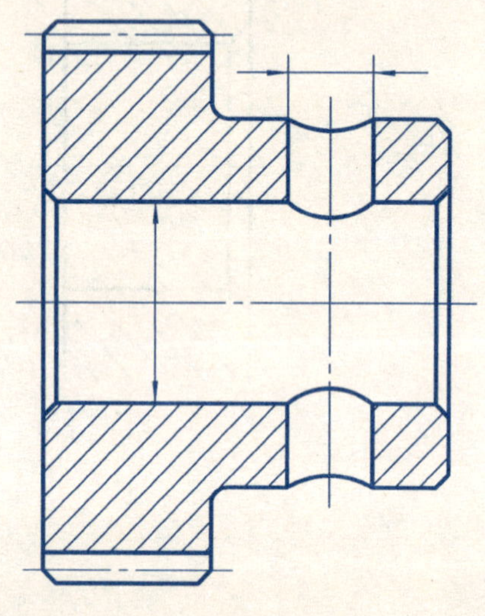

9-4 极限与配合

试说明装配图中所注配合尺寸的含义，并画出各配合的公差带图。

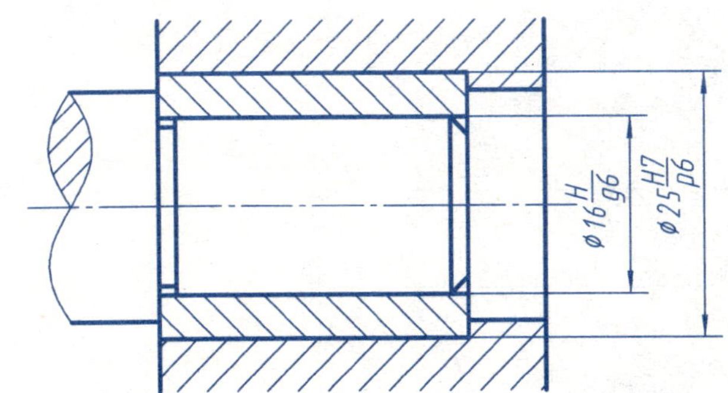

(1) $\phi16\frac{H}{g6}$ 含义 ______

______

______

______

(2) $\phi25\frac{H7}{p6}$ 含义 ______

______

______

______

(3) $\phi16\frac{H}{g6}$ 公差带图

(4) $\phi25\frac{H7}{p6}$ 公差带图

将零件图中的几何公差的要求用代号标注在图上。

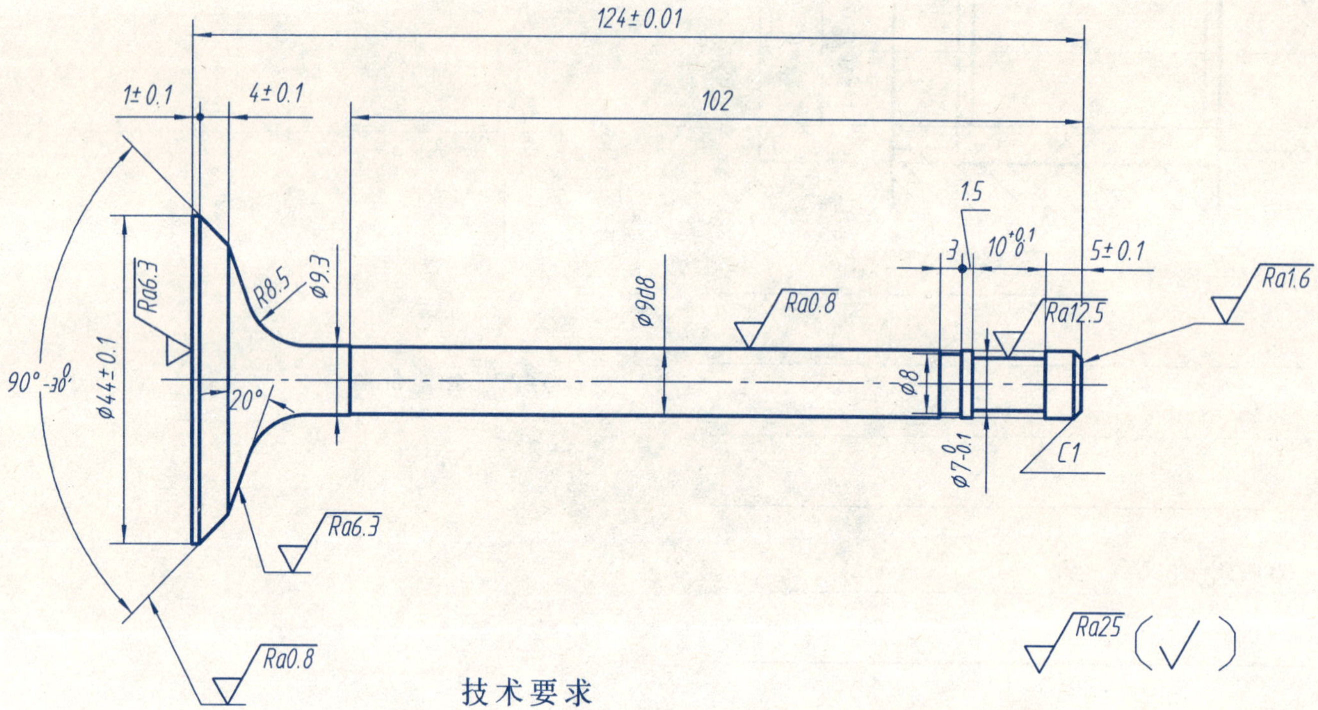

124±0.01
1±0.1
4±0.1
102
1.5
3
$10^{+0.1}_{0}$
5±0.1
Ra1.6
Ra6.3
R8.5
ϕ9.3
ϕ9d8
Ra0.8
Ra12.5
$90°^{0}_{-30'}$
ϕ44±0.1
20°
ϕ8
$ϕ7^{0}_{-0.1}$
C1
Ra6.3
Ra0.8
Ra25 (√)

技术要求

(1) ϕ9.3对ϕ9d8的同轴度公差为0.03；

(2) ϕ9d8的圆柱度公差为0.01；

(3) ϕ9d8的轴线直线度公差为0.01；

(4) ϕ44±0.1的端面对ϕ9d8的圆跳动公差为0.03；

(5) 90°锥面的圆度公差为0.005；

(6) 90°锥面素线的直线度公差为0.006，对ϕ9d8的圆跳动公差为0.02。

9-6 读零件图

C-C
B-B
A-A
2xφ9
C1.5
φ5
φ24
C5
M20×1.5
40
2
D
80
40
2xM6
C1.5
R5
2XM8
φ12H7
Ra3.2
30H9
φ16H7
0.05
60
45
34
46
14
30
25
35
读连接块零件图并解答下列问题
(1) 读懂视图补画B-B半剖视图
(2) 零件上下对称吗？前后对称吗？
(3) 为什么B-B可以采用半剖视图？
(4) M6螺孔上下贯通吗？
Ra12.5
连接块
比例
件数
制图
描图
审核
重量
材料
45

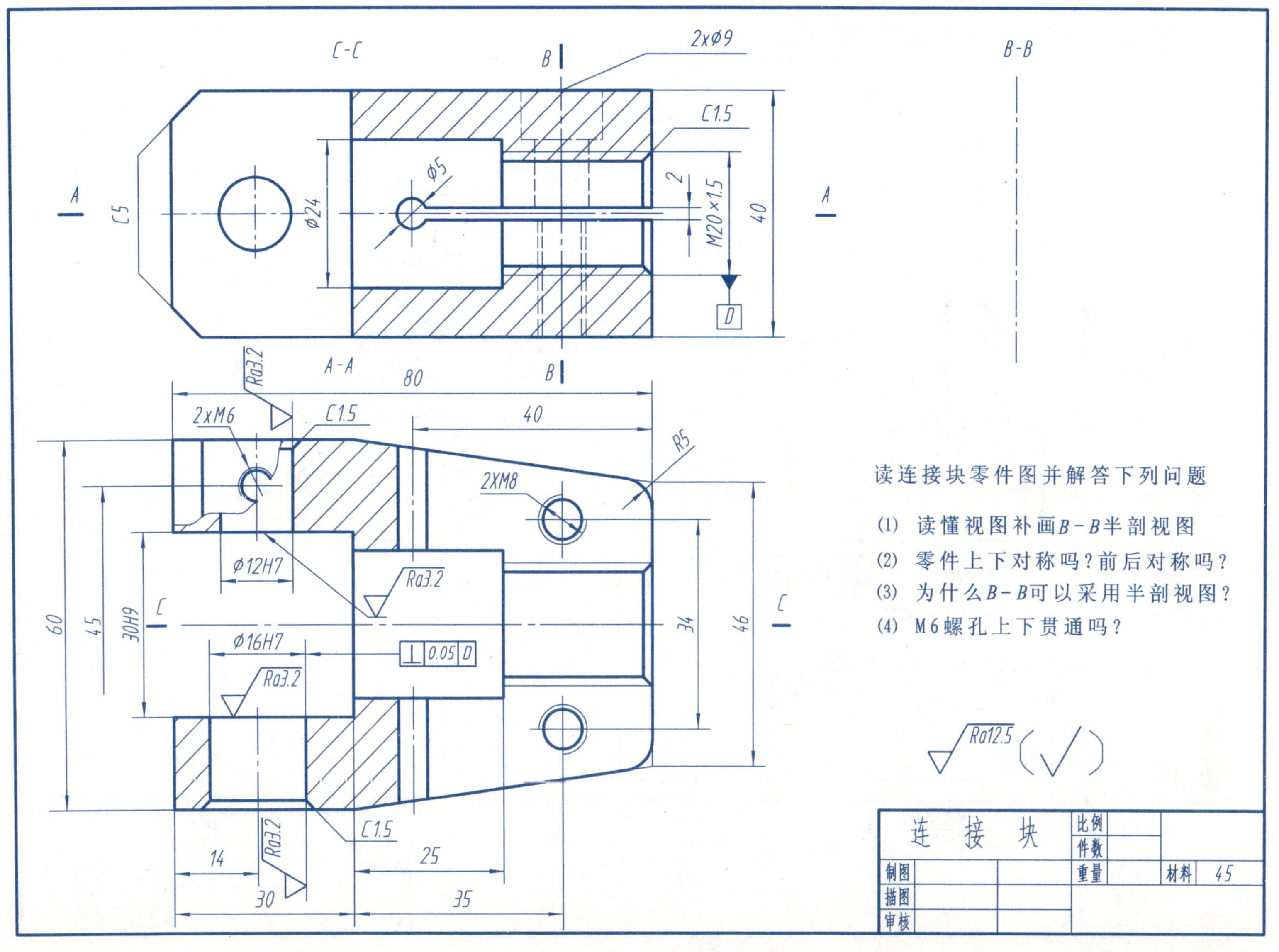

9-7 读零件图

读端盖零件图并回答问题。

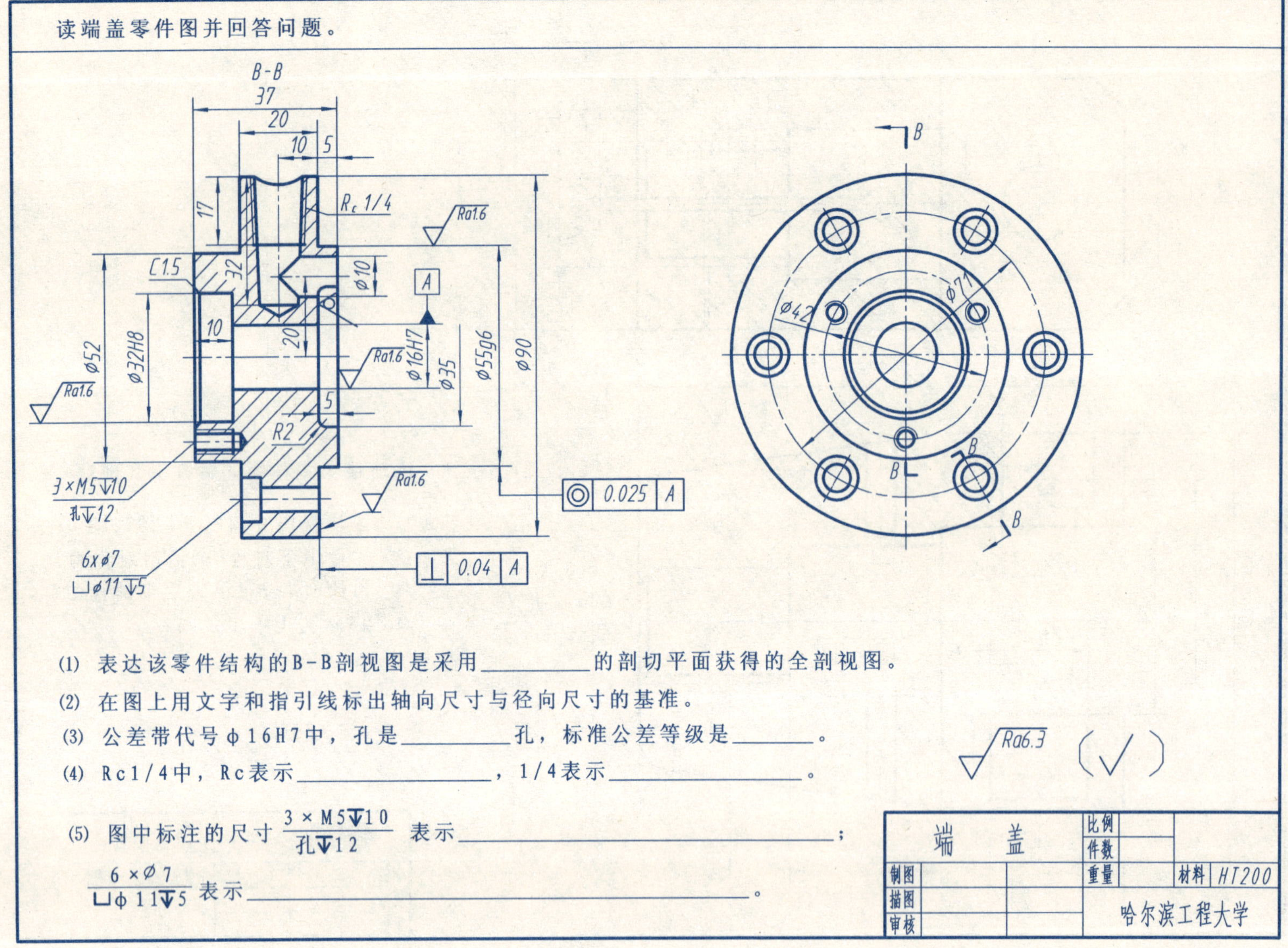

(1) 表达该零件结构的B-B剖视图是采用__________的剖切平面获得的全剖视图。

(2) 在图上用文字和指引线标出轴向尺寸与径向尺寸的基准。

(3) 公差带代号ϕ16H7中，孔是__________孔，标准公差等级是________。

(4) Rc1/4中，Rc表示________________，1/4表示________________。

(5) 图中标注的尺寸 $\frac{3\times M5↧10}{孔↧12}$ 表示____________________________；

$\frac{6\times ϕ7}{⌴ϕ11↧5}$ 表示____________________________________。

 班级 姓名 学号

9-8 读零件图

读轴套零件图并回答问题。

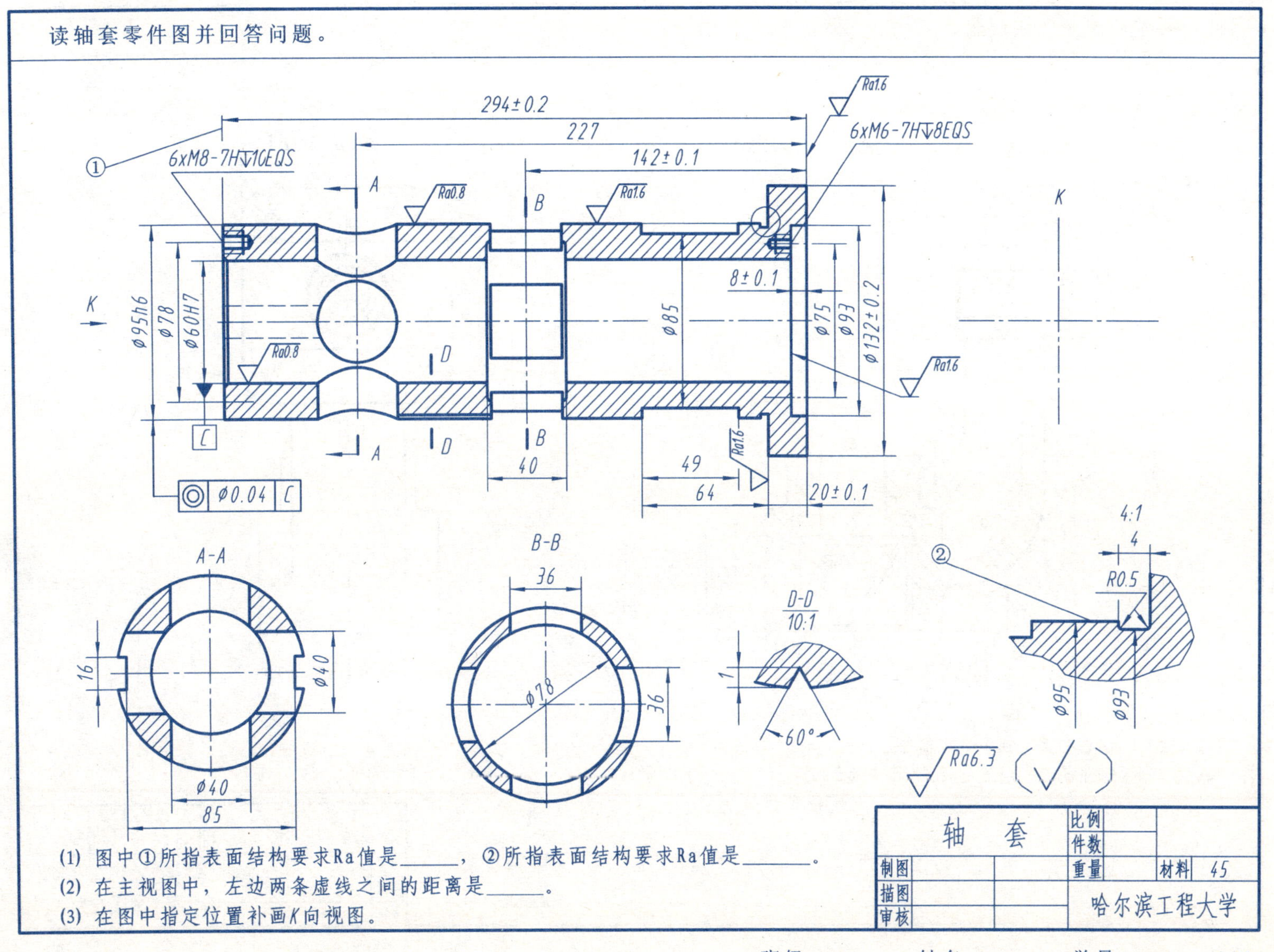

轴　套		比例		
		件数		
制图		重量	材料	45
描图		哈尔滨工程大学		
审核				

(1) 图中①所指表面结构要求Ra值是______，②所指表面结构要求Ra值是______。

(2) 在主视图中，左边两条虚线之间的距离是______。

(3) 在图中指定位置补画K向视图。

9-9 读零件图

读轴架零件图并完成问题。

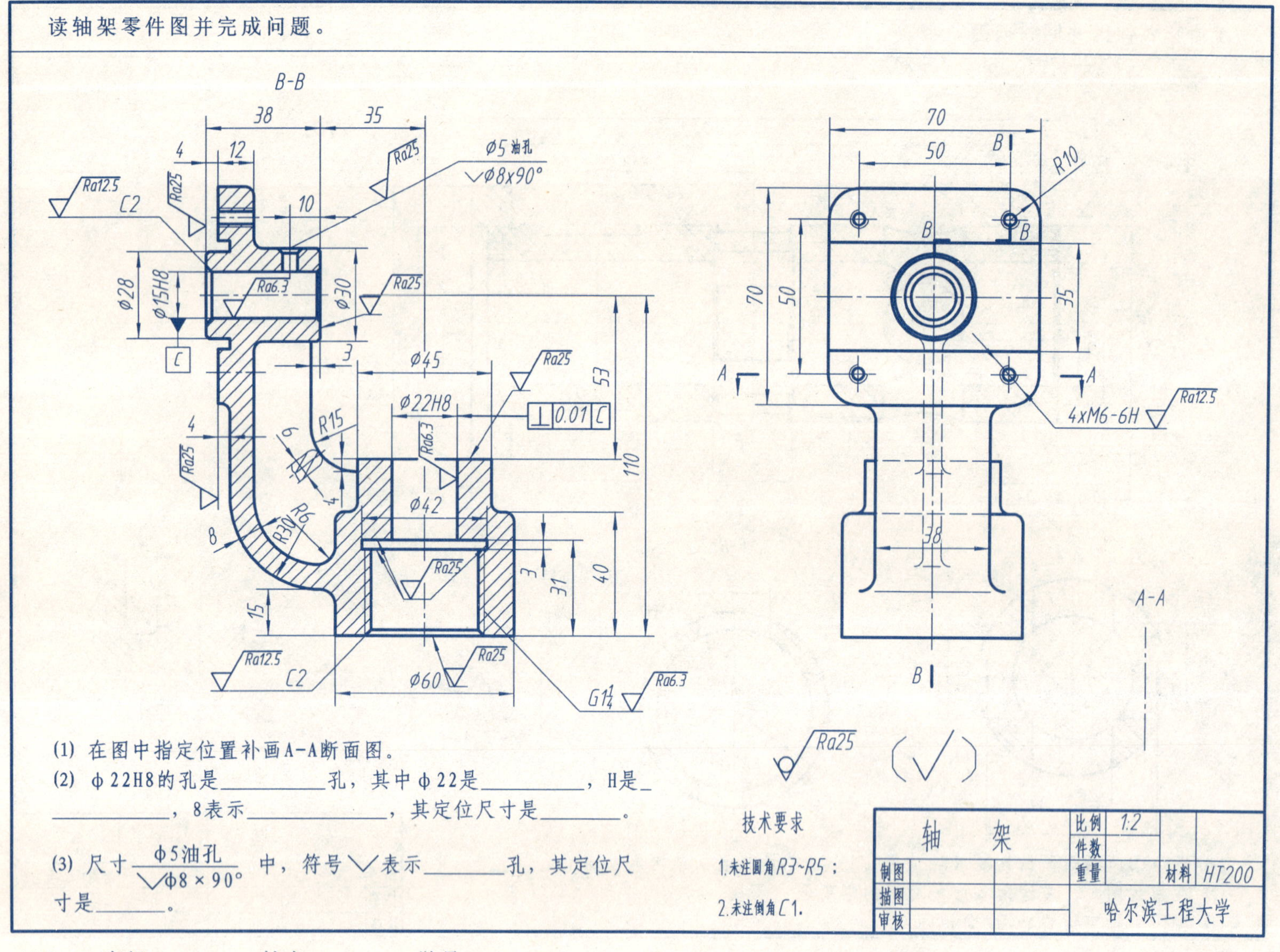

(1) 在图中指定位置补画A-A断面图。

(2) ф22H8的孔是__________孔，其中ф22是__________，H是__________，8表示____________，其定位尺寸是________。

(3) 尺寸 $\frac{\text{ф5油孔}}{\vee\text{ф8}\times 90^\circ}$ 中，符号⌵表示________孔，其定位尺寸是______。

根据平口钳的装配示意图及零件图，画出其装配图。

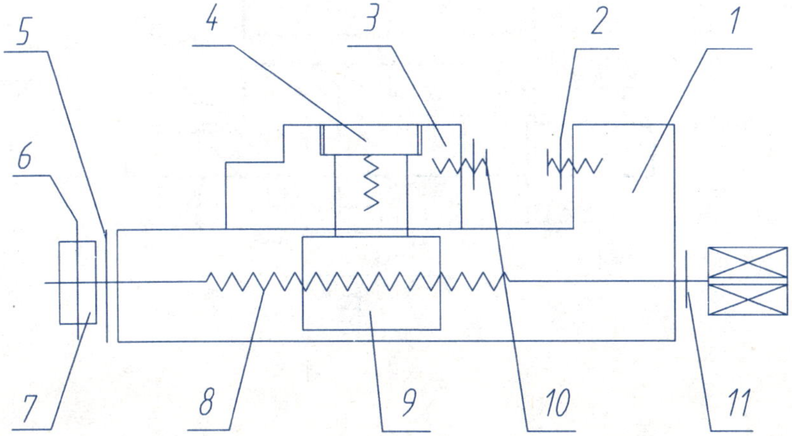

平口钳工作原理

平口钳是机床工作台上用来夹持工件进行加工的部件。当丝杠8转动时，带动活动螺母9作直线移动，使钳口闭合或松开，以便夹持工件。

序号	名称	数量	材料	备注
11	垫圈18	1		GB/T97.2-2002
10	螺钉M6X16	4		GB/T68-2000
9	螺母	1	35	
8	丝杠	1	45	
7	圆环	1	Q235	
6	销 4X25	1		GB/T117-2000
5	垫圈 12	1		GB/T97.2-2002
4	固定螺钉	1	Q235	
3	活动钳身	1	HT200	
2	钳口板	2	45	
1	固定钳身	1	HT200	

平口钳		比例		
		件数		
制图		重量		共 张 第 张
描图		哈尔滨工程大学		
审核				

10-2 拼画装配图

平口钳零件图（一）
A-A
Ra6.3
Ra1.6
Ra12.5
Ra25
Ø0.04 B
Ø12+0.043 0
Ø18+0.043 0
Ø30
Ø25
2xM8
12
2×Ø11
R15
R10
R10
90
115
154
15
28
58
116
75
46
28
件号 1
名称 固定钳身

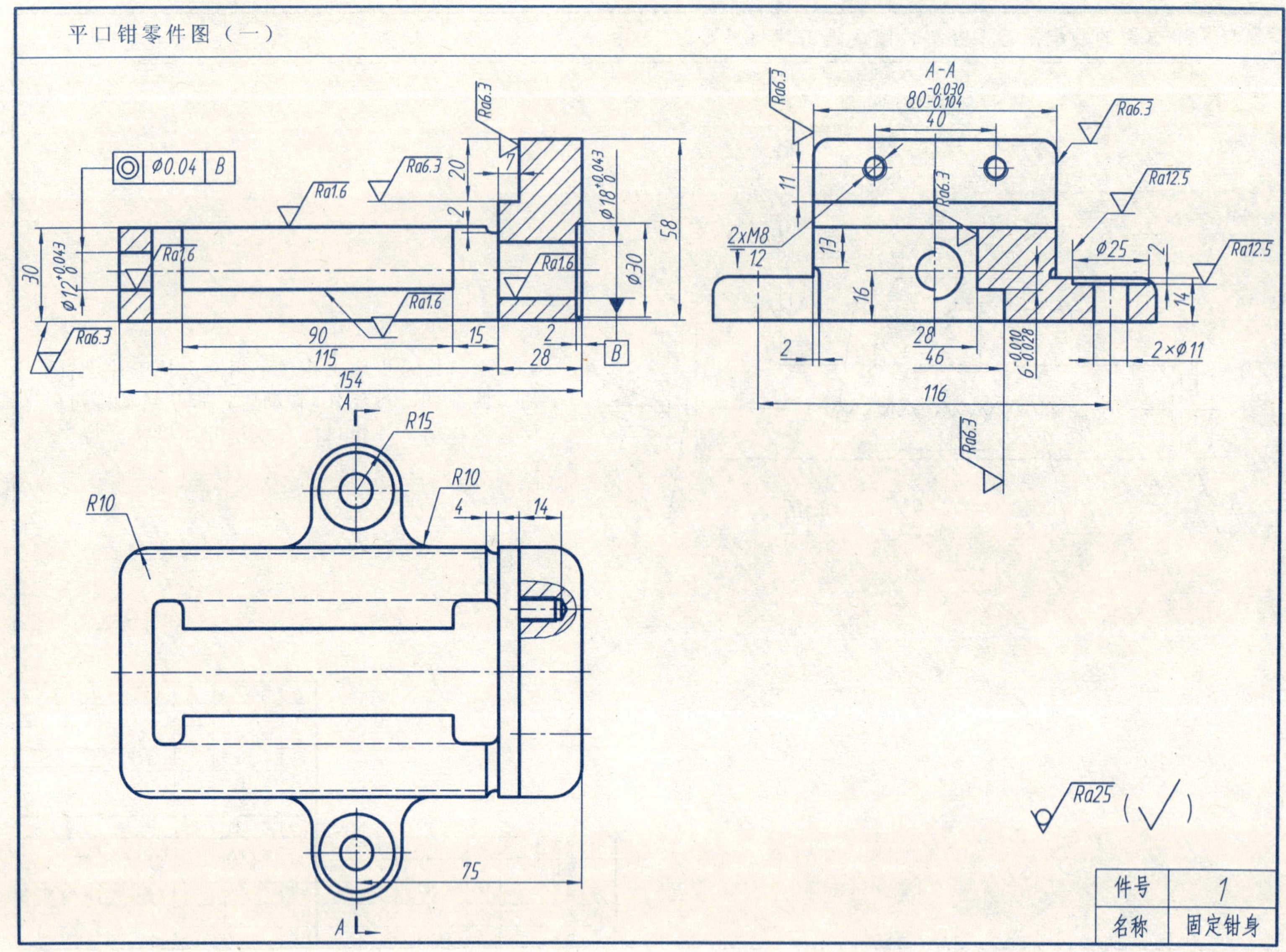

平口钳零件图（二）

210
165
22
8×Ø13
$\phi18^{-0.016}_{-0.059}$
Ø4圆锥销孔
配作
Ra1.6
Ra1.6
A
Ø18
Ø14
Ø22
C1
38
135
172
30
B
$\phi12^{-0.016}_{-0.059}$
Ø0.04 B
2:1
A—A
Ø18
4
2
14×14
Ra6.3
件号 8
名称 丝杠
C1
d_1
d_2
4
Ra12.5
垫圈 件号5 件号11
d_1 Ø14 Ø20
d_2 Ø24 Ø28
2×Ø8
C1
Ø26
2×Ø4
M10×1
18
4
14
22
Ra12.5
件号 4
名称 固定螺钉
Ø4圆锥销孔
配作
$\phi12^{+0.043}_{0}$
Ø22
C1
5
10
Ra6.3
件号 7
名称 圆环

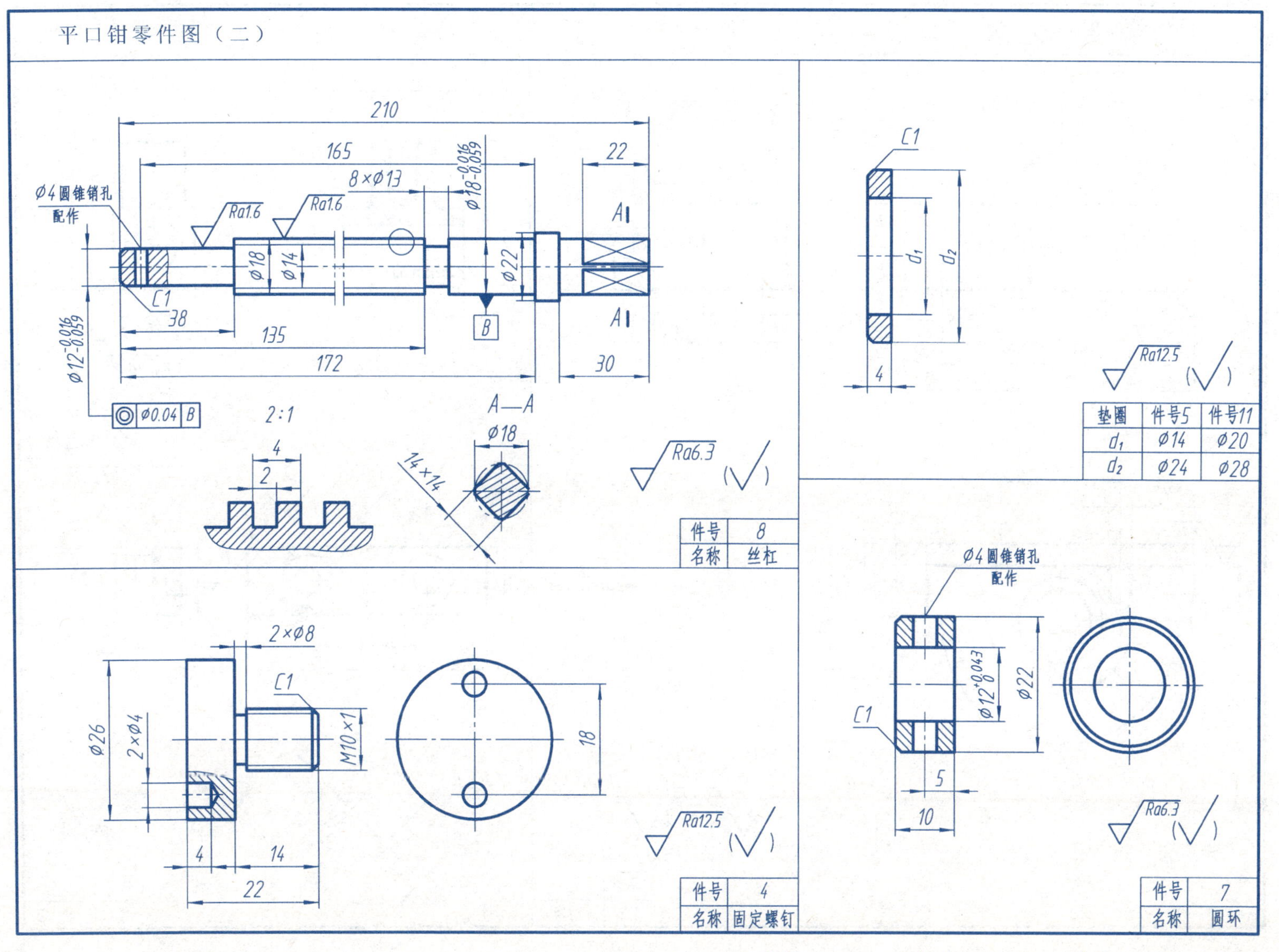

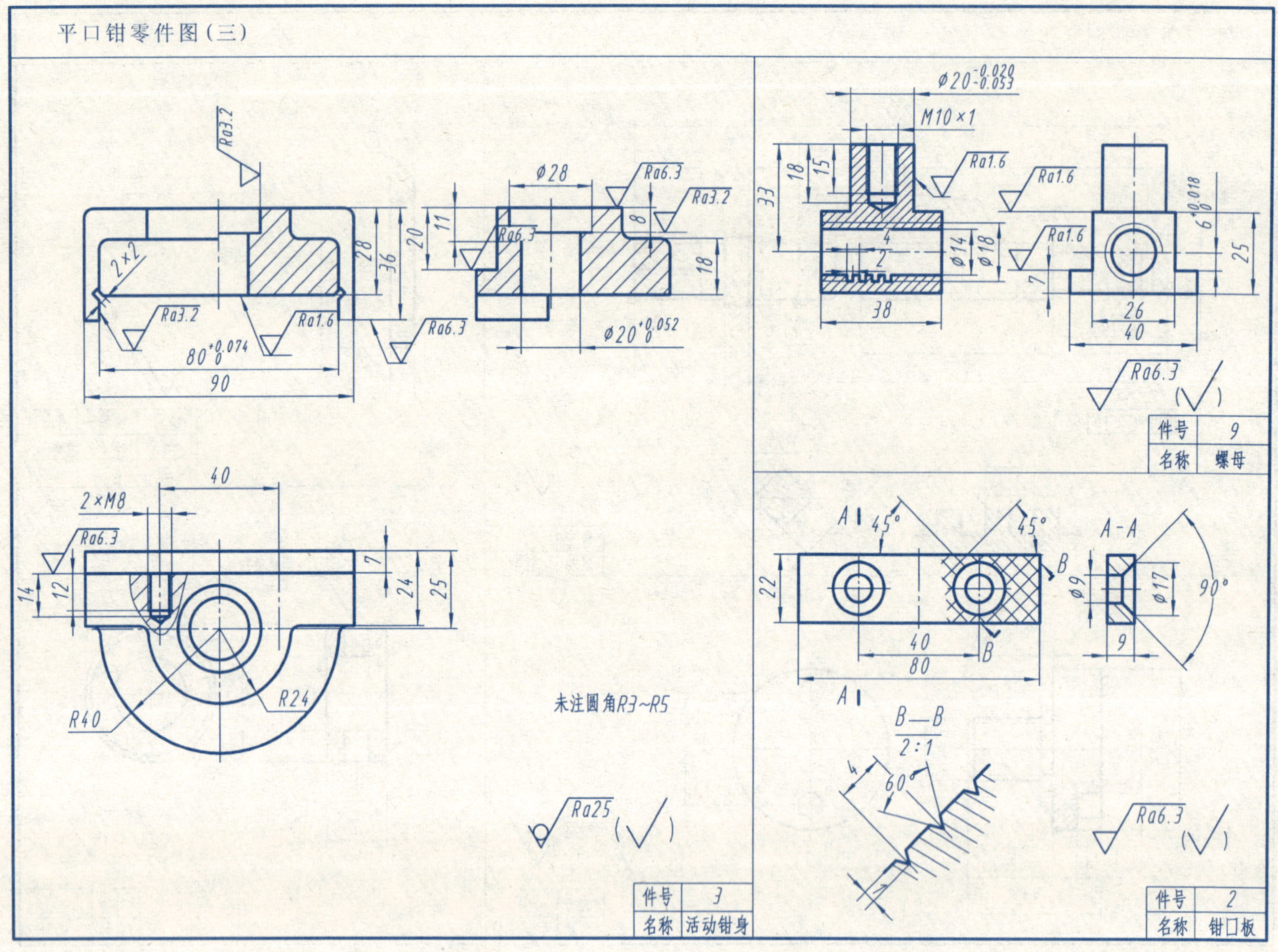
平口钳零件图(三)
未注圆角R3~R5
件号 3
名称 活动钳身
件号 9
名称 螺母
件号 2
名称 钳口板
A-A
B—B
2:1
Ra25
Ra6.3
Ra3.2
Ra1.6
2×M8
M10×1
R40
R24

10-5 拼画装配图

根据转子泵的装配示意图及零件图，画出其装配图。

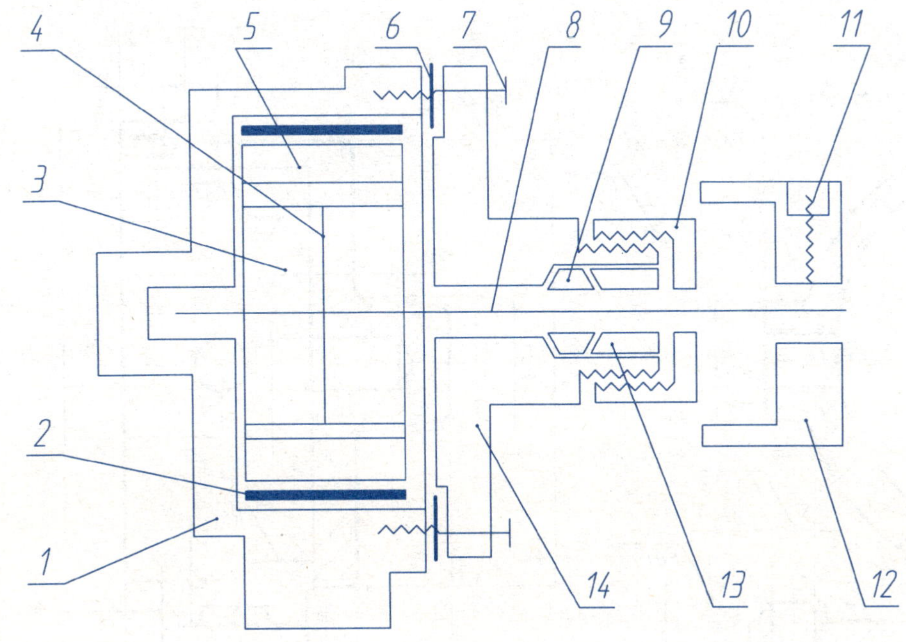

转子
叶片

序号	名　称	数量	材　料	备　注
14	泵盖	1	HT150	
13	填料压盖	1	Q235	
12	带轮	1	HT150	
11	螺钉M8x25	1	35	GB/T75-1985
10	压盖螺母	1	Q235	
9	填料		石棉绳	
8	轴	1	45	
7	螺钉M6x14	3	35	GB/T65-2000
6	垫片	1	工业用纸	
5	叶片	4	45	
4	销4x35	1	35	GB/T119.1-2000
3	转子	1	Q235	
2	衬套	1	20	
1	泵体	1	HT150	

转 子 泵			比例		
			件数		
制图			重量		共 张 第 张
描图			哈尔滨工程大学		
审核					

转子泵工作原理

转子泵是一种定量叶片泵。泵体1两侧的管螺纹（见泵体零件图）与油管相连，分别为进油口和出油口。

泵体1与转子3之间由偏心而形成一个新月形空腔。当电动机通过带轮12带动轴8旋转时，位于转子槽中的叶片4由于离心力的作用，向外贴紧在衬套2的内壁上，叶片开始由新月形空腔的尖端转向中部时，两相邻叶片与衬套隔成的空间逐渐变大，完成吸油过程，转过中点后，这个空间又逐渐变小，完成压油过程，压力油从油口压出。

泵盖14右端装有填料9，通过压盖螺母10和填料压盖13将其压紧，以防止油沿轴渗出。泵体1内装有衬套2，衬套磨损后可以更换。在泵体背面加工的M5两个螺纹孔，为更换衬套时用。

10-6 拼画装配图

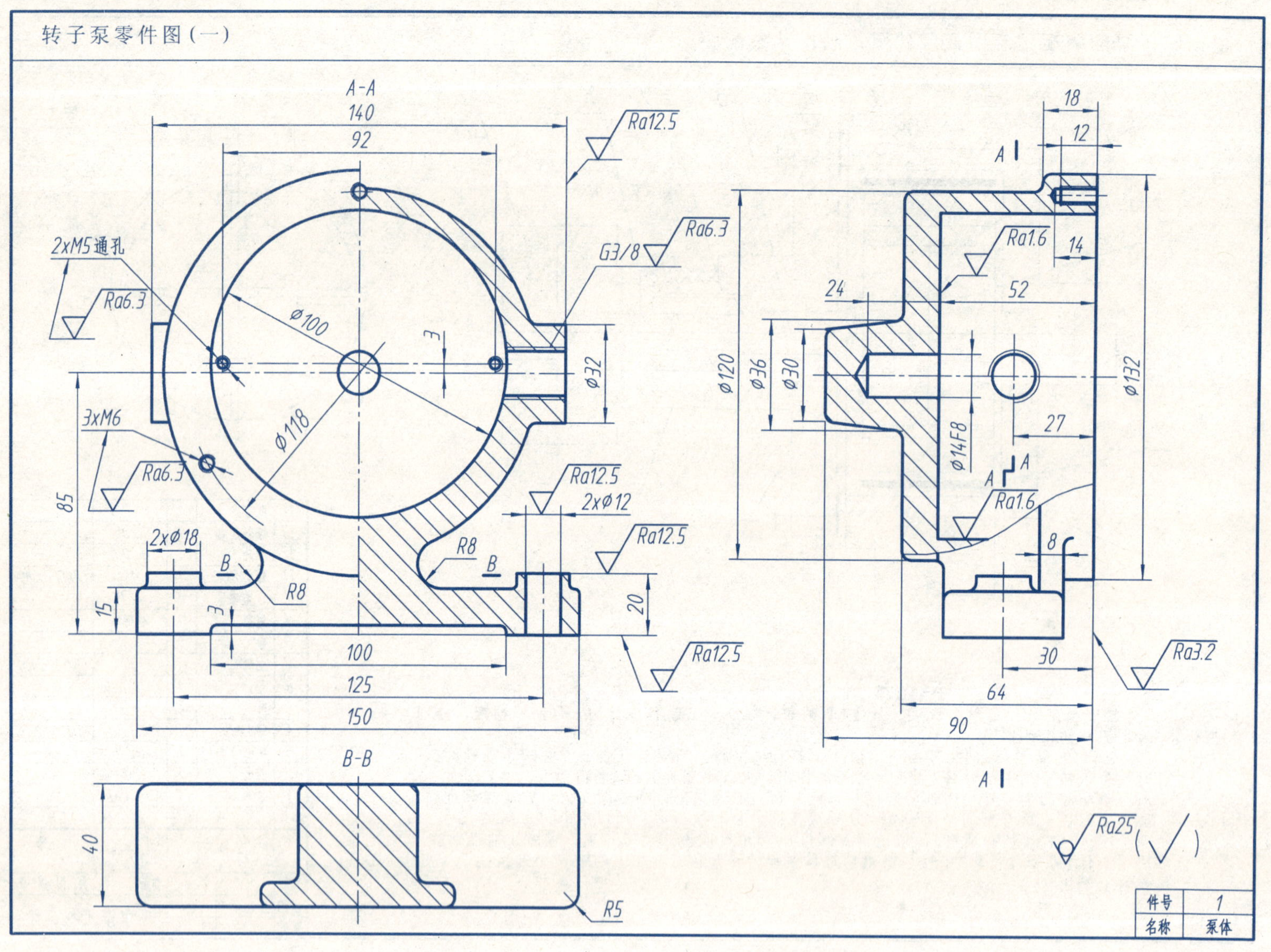

 班级 姓名 学号

10-7 拼画装配图

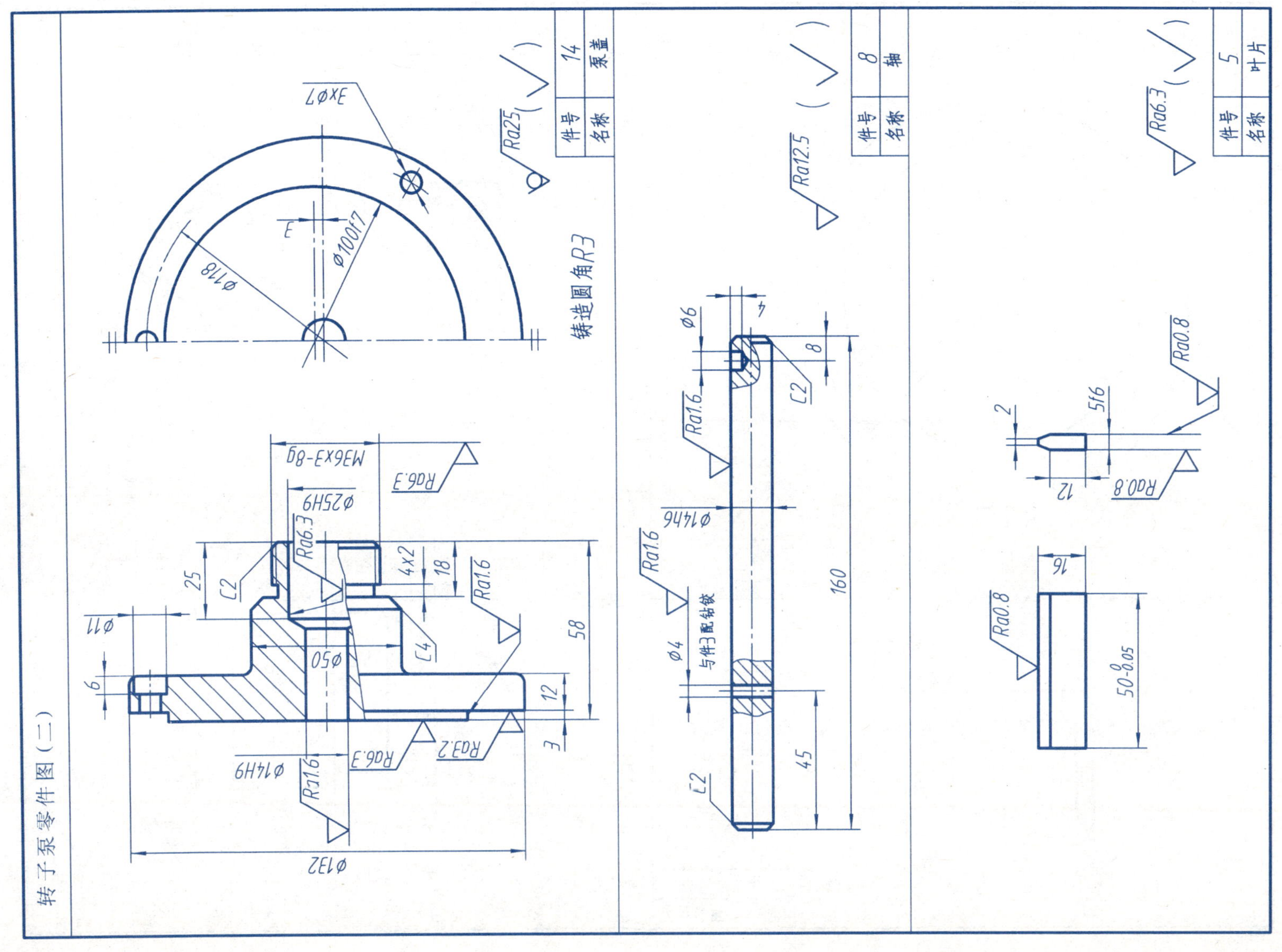

班级　　姓名　　学号

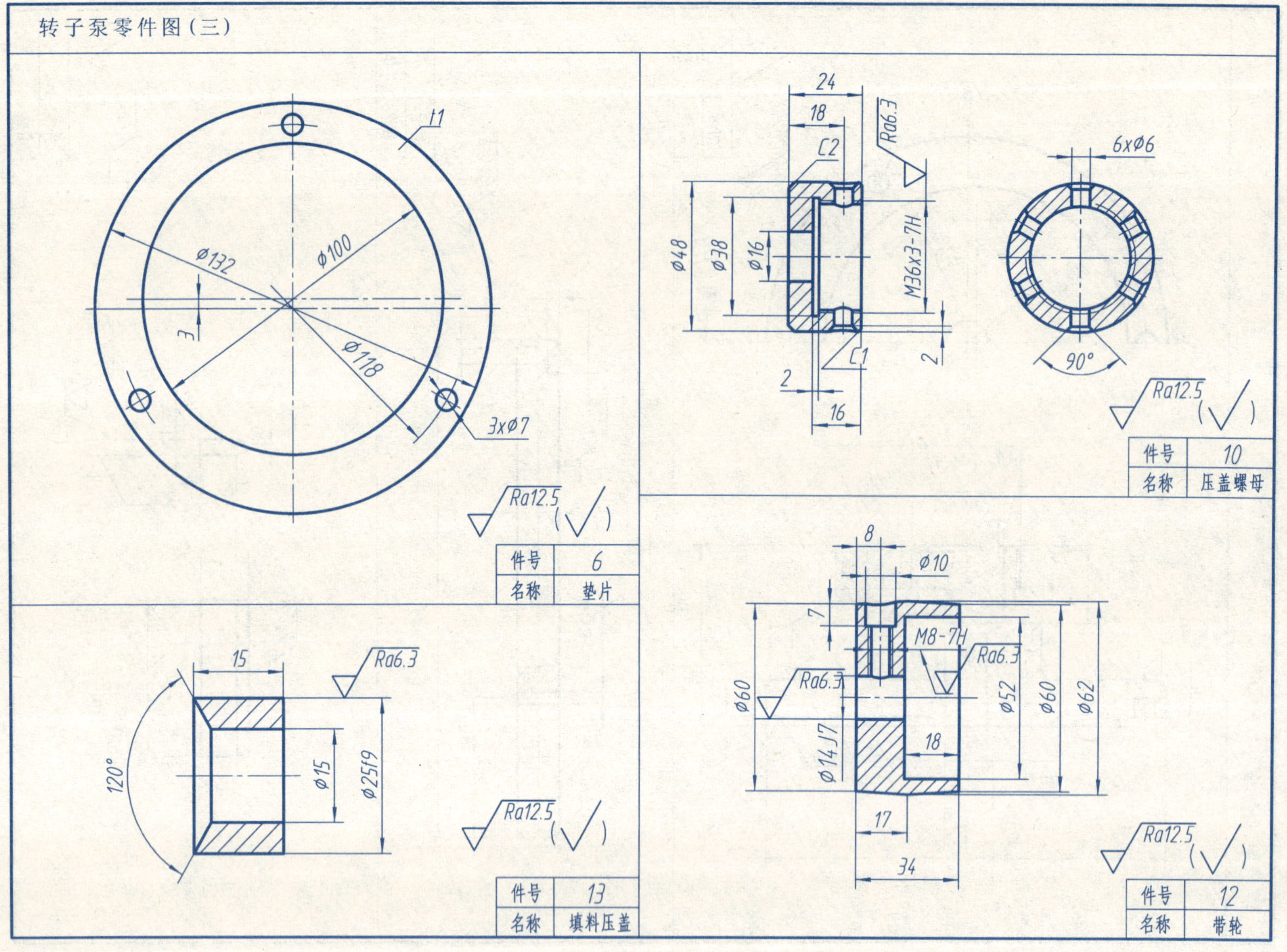

转子泵零件图(三)
t1
Ø132
Ø100
3
Ø118
3xØ7
Ra12.5
件号 6
名称 垫片
24
18
Ra6.3
C2
6xØ6
Ø48
Ø38
Ø16
M36x3-7H
C1
2
2
16
90°
Ra12.5
件号 10
名称 压盖螺母
15
Ra6.3
120°
Ø15
Ø25f9
Ra12.5
件号 13
名称 填料压盖
8
Ø10
7
M8-7H
Ra6.3
Ra6.3
Ø60
Ø14J7
18
Ø52
Ø60
Ø62
17
34
Ra12.5
件号 12
名称 带轮

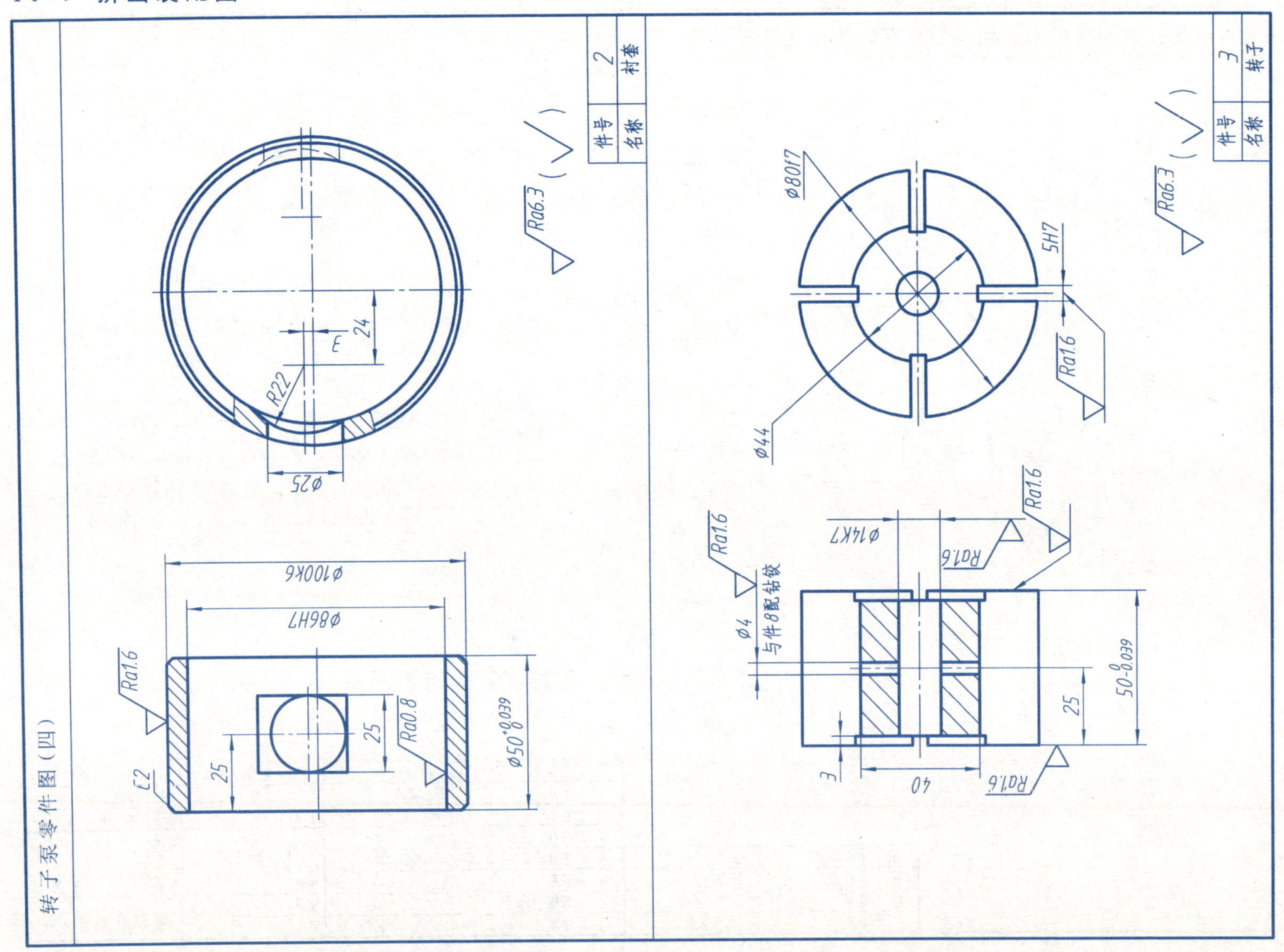

转子泵零件图(四)
件号 2
名称 衬套
Ra6.3
R22
E
24
ϕ25
ϕ100k6
ϕ86H7
Ra1.6
Ra0.8
25
25
C2
ϕ50+0.039 0
件号 3
名称 转子
ϕ80f7
5H7
Ra1.6
ϕ44
ϕ14K7
ϕ4
与件8配钻铰
25
50-0.039 0
3
40

根据柱塞泵装配示意图及零件图，拼画其装配图。

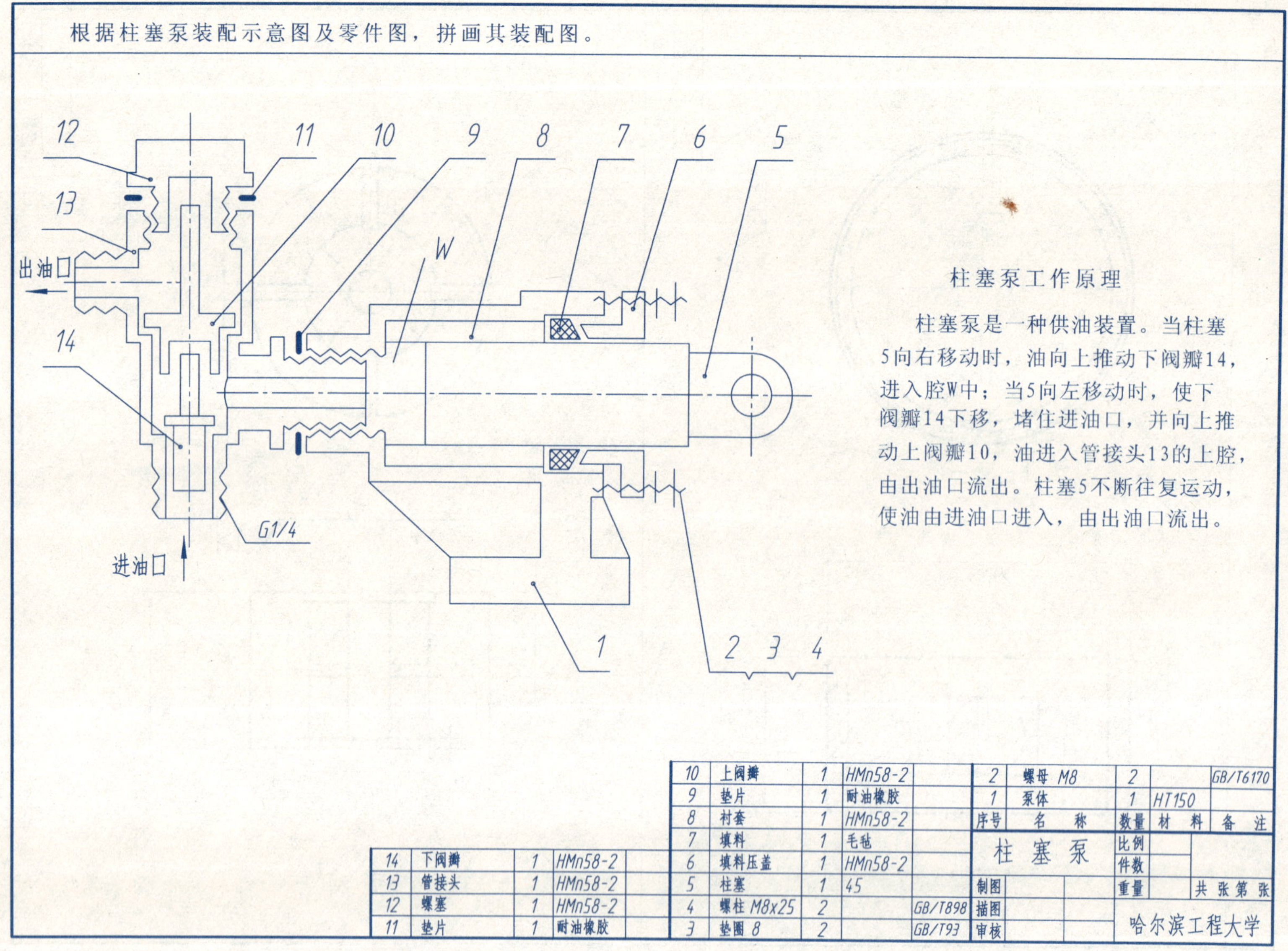

柱塞泵工作原理

柱塞泵是一种供油装置。当柱塞5向右移动时，油向上推动下阀瓣14，进入腔W中；当5向左移动时，使下阀瓣14下移，堵住进油口，并向上推动上阀瓣10，油进入管接头13的上腔，由出油口流出。柱塞5不断往复运动，使油由进油口进入，由出油口流出。

14	下阀瓣	1	HMn58-2	
13	管接头	1	HMn58-2	
12	螺塞	1	HMn58-2	
11	垫片	1	耐油橡胶	

10	上阀瓣	1	HMn58-2	
9	垫片	1	耐油橡胶	
8	衬套	1	HMn58-2	
7	填料	1	毛毡	
6	填料压盖	1	HMn58-2	
5	柱塞	1	45	
4	螺柱 M8x25	2		GB/T898
3	垫圈 8	2		GB/T93

2	螺母 M8	2		GB/T6170
1	泵体	1	HT150	
序号	名称	数量	材料	备注

柱塞泵		比例	
		件数	
制图		重量	共 张 第 张
描图		哈尔滨工程大学	
审核			

 班级 姓名 学号

柱塞泵零件图(一)

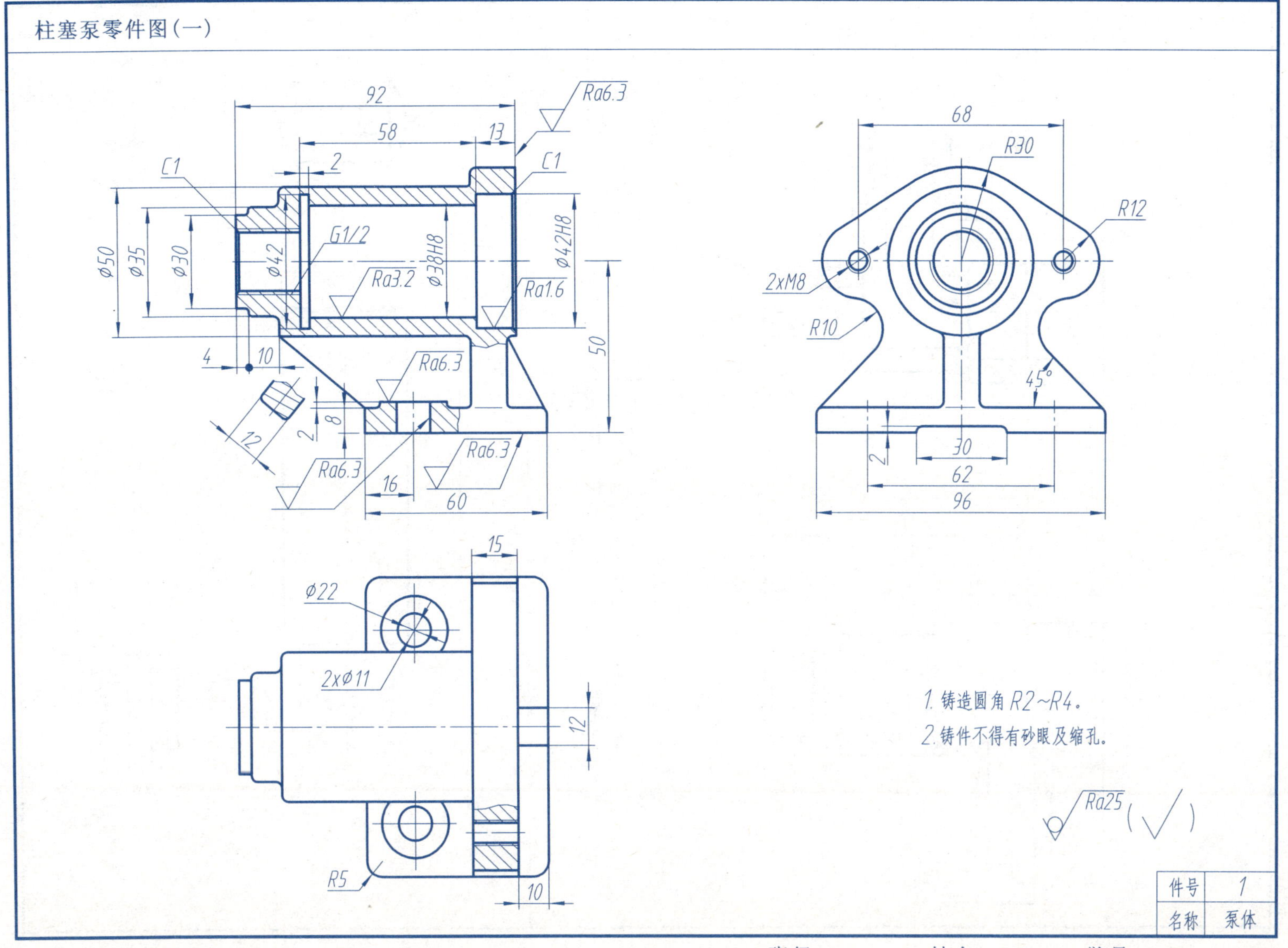

件号	1
名称	泵体

10-12 拼画装配图

柱塞泵零件图（二）
件号 13
名称 管接头
件号 5
名称 柱塞
I处放大
技术要求
1. 铸造圆角R2~R4.
2. 铸件不得有砂眼及缩孔.
M27×2-7H
G1/2

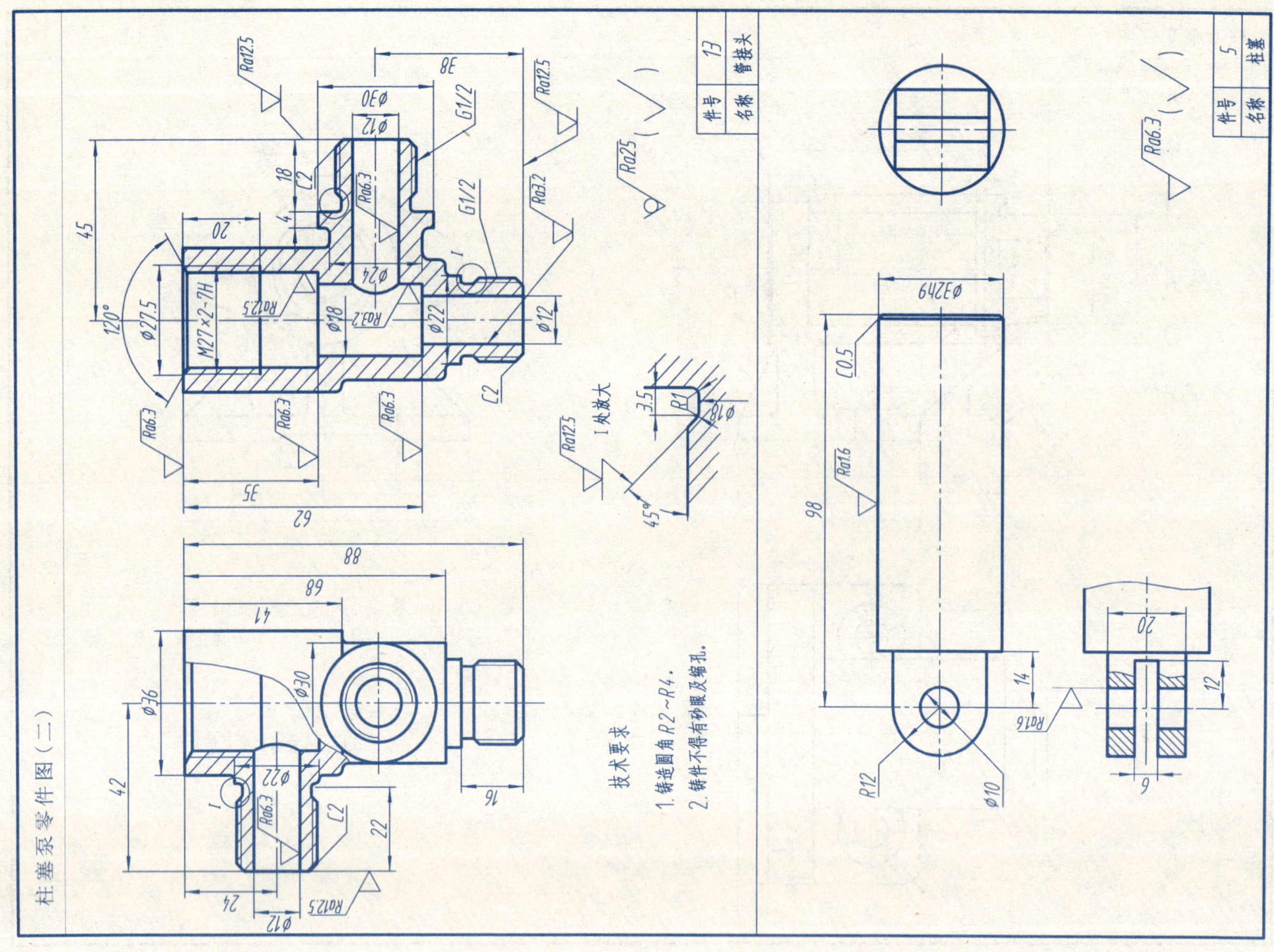

10-13 拼画装配图

柱塞泵零件图(三)
Ø44
6
20
12
Ra3.2
120°
C1
Ra12.5
2
Ra12.5
Ra3.2
Ø42f8
Ø60
2xØ9
Ø33
R12
68
Ra25
(√)
件号 6
名称 填料压盖
Ø36
27
M27x1
Ø10
C1
Ra12.5
Ra12.5
Ra6.3
20
2x1.5
12
32
15
Ra25
(√)
件号 12
名称 螺塞

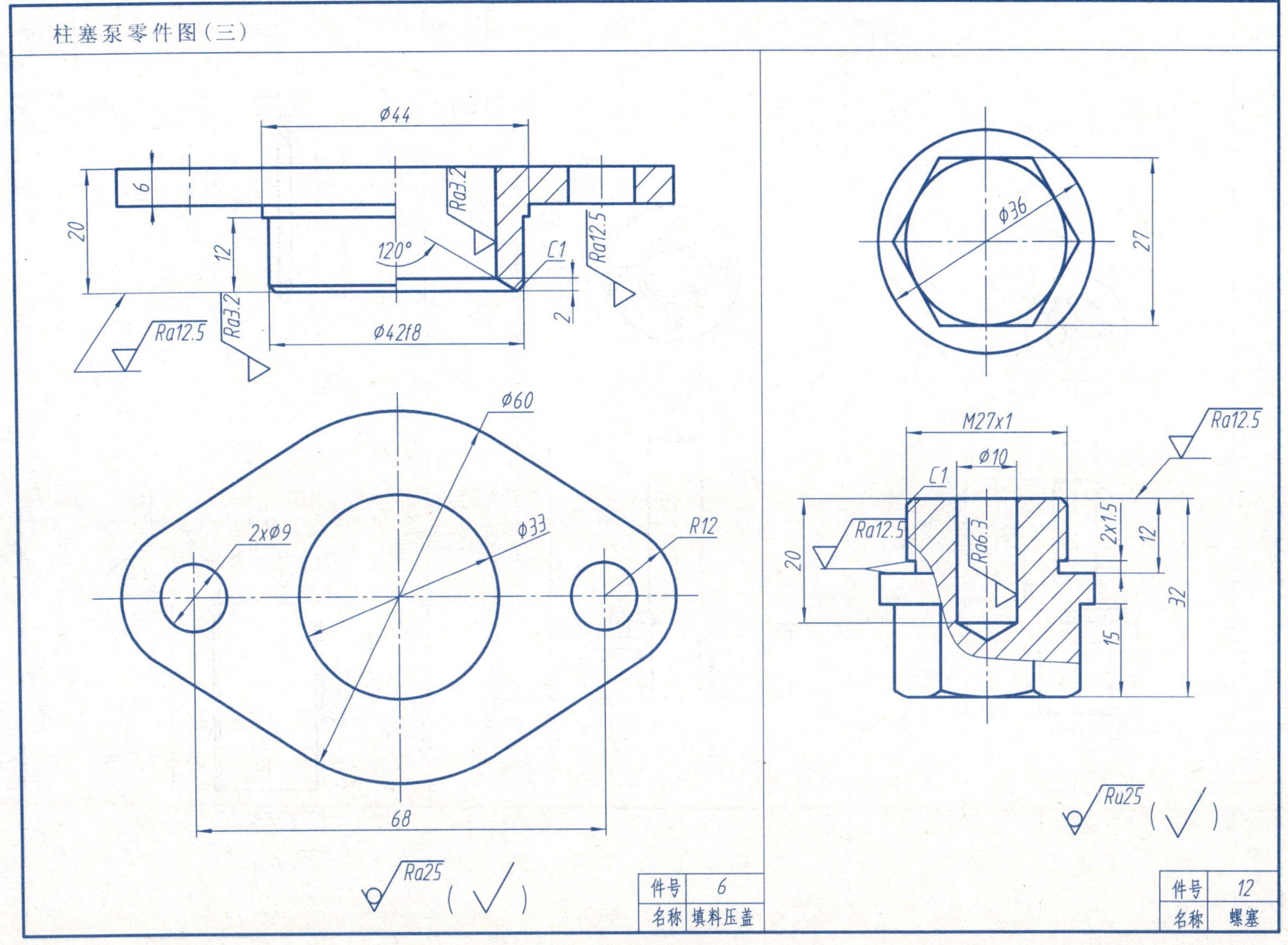

10-14 拼画装配图

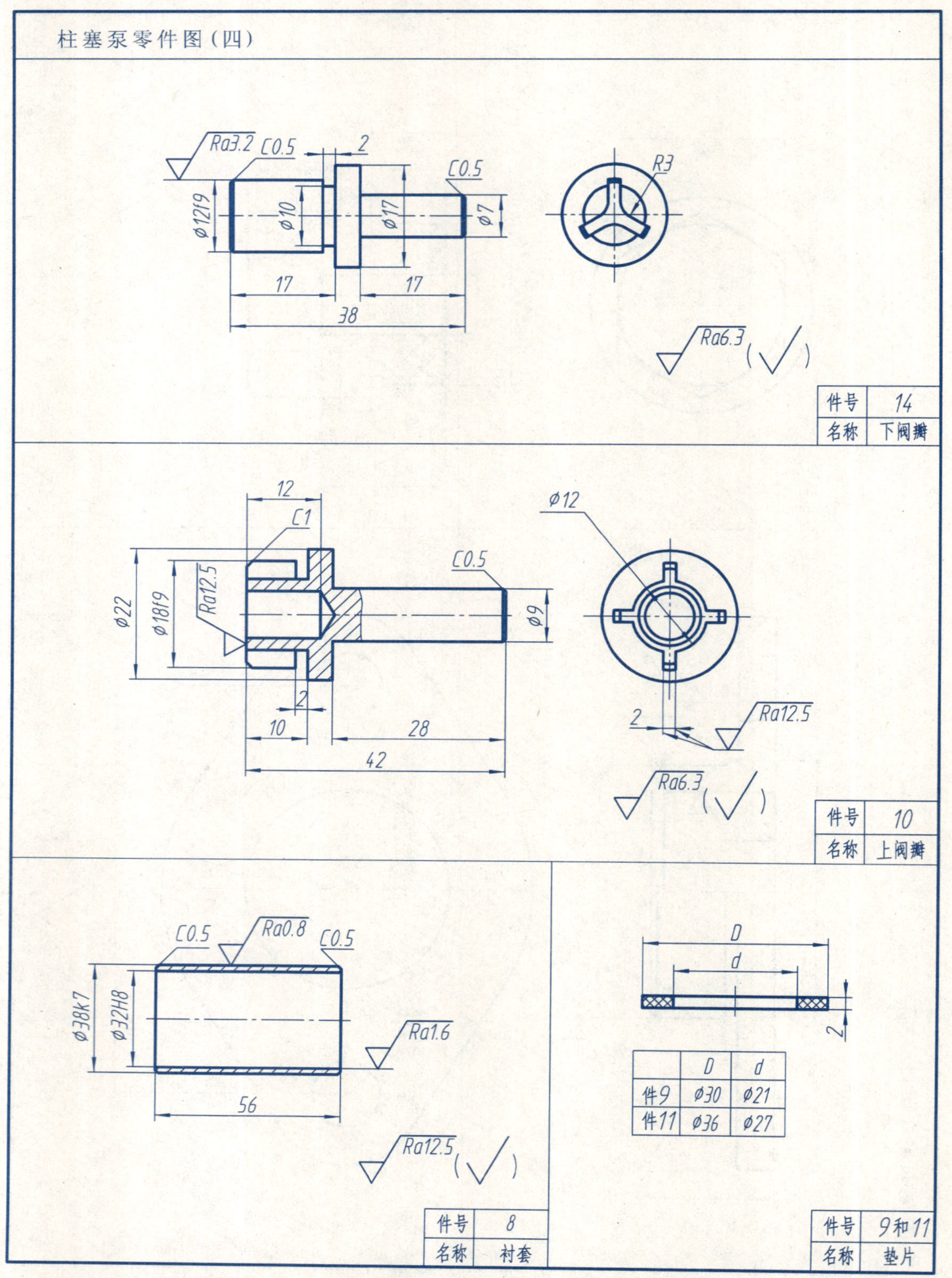

	D	d
件9	ϕ30	ϕ21
件11	ϕ36	ϕ27

 班级 姓名 学号

读汽缸装配图，拆画件2前盖零件图。

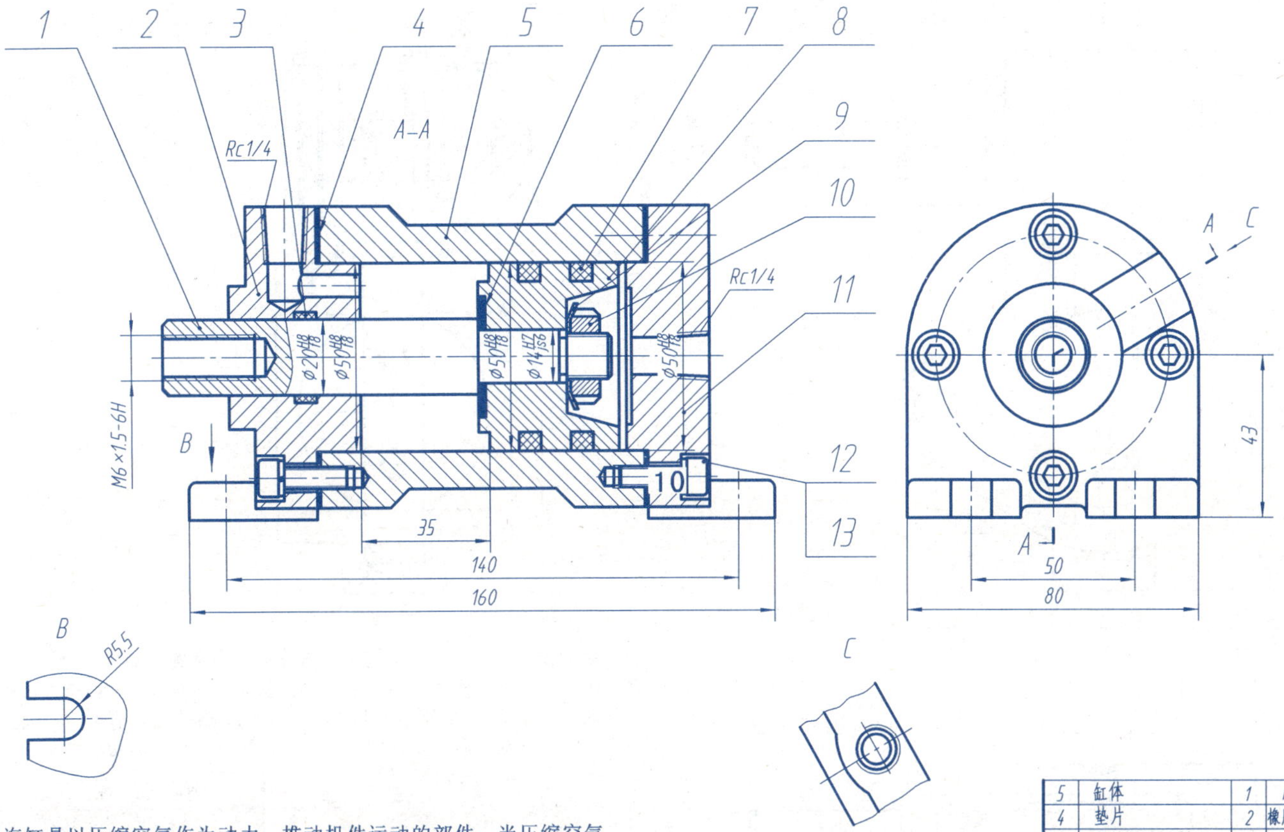

A-A

B

C

汽缸是以压缩空气作为动力，推动机件运动的部件。当压缩空气由后盖11上的Rc1/4孔进入汽缸内，推动活塞7和活塞杆1向左移动（活塞杆的左端连接工作机构），为工作行程。这时，汽缸左腔中的空气从前盖3上的Rc1/4孔中排出。这一行程结束后，气动系统中的换向元件使压缩空气从前盖Rc1/4孔进入，活塞和活塞杆便向右移动到图示位置，为回程。这时，汽缸右腔中的空气通过后盖中的Rc1/4孔排出。如此往复循环，驱动工作机构连续工作。

序号	名称	数量	材料	备注
13	垫圈 6	8		GB/T119.1-2000
12	螺钉 M6×20	8		
11	后盖	1	HT150	
10	螺母 M12×1.25	1		GB/T812-1988
9	垫圈 12	1		GB/T858-1988
8	活塞	1	ZALSi12	
7	密封圈	2	橡胶	GB/T119.1-2000
6	垫片	1	橡胶石棉板	
5	缸体	1	HT200	
4	垫片	2	橡胶石棉板	
3	密封圈 A4×20	1	橡胶	GB/T119.1-2000
2	前盖	1	HT150	
1	活塞杆	1	45	

汽缸	比例	1:2	
	件数		
制图	重量		共 张 第 张
描图			哈尔滨工程大学
审核			

读蝴蝶阀装配图，拆画件1阀体的零件图。

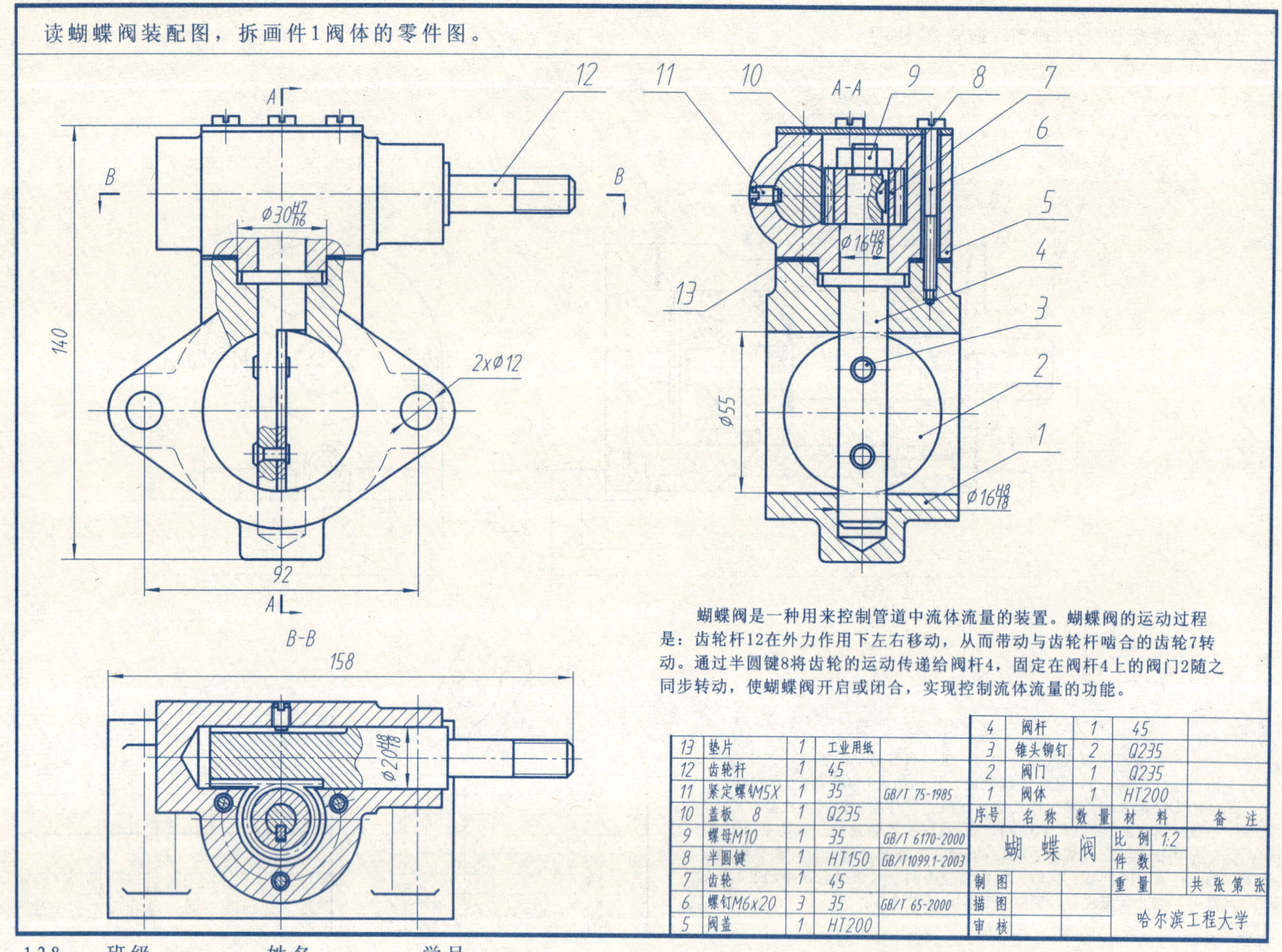

蝴蝶阀是一种用来控制管道中流体流量的装置。蝴蝶阀的运动过程是：齿轮杆12在外力作用下左右移动，从而带动与齿轮杆啮合的齿轮7转动。通过半圆键8将齿轮的运动传递给阀杆4，固定在阀杆4上的阀门2随之同步转动，使蝴蝶阀开启或闭合，实现控制流体流量的功能。

序号	名称	数量	材料	备注
13	垫片	1	工业用纸	
12	齿轮杆	1	45	
11	紧定螺钉M5X	1	35	GB/T 75-1985
10	盖板 8	1	Q235	
9	螺母M10	1	35	GB/T 6170-2000
8	半圆键	1	HT150	GB/T1099.1-2003
7	齿轮	1	45	
6	螺钉M6x20	3	35	GB/T 65-2000
5	阀盖	1	HT200	
4	阀杆	1	45	
3	锥头铆钉	2	Q235	
2	阀门	1	Q235	
1	阀体	1	HT200	

蝴蝶阀		比例	1:2	
		件数		
制图		重量		共 张 第 张
描图		哈尔滨工程大学		
审核				